自主研抛机器人技术

The New Robot Technology for Autonomous Grinding

王文忠　著

机械工业出版社

本书主要介绍自主研抛机器人技术的相关理论基础与前沿技术，是作者近年来在国家“863”等项目中所取得的学术研究和技术实践成果的总结。

书中基于实现用小型装备对大型自由曲面进行精整加工的目标，利用移动操作机器人具有较好的操作灵活性和工作空间大的特点，提出了一种研磨大型自由曲面自主作业机器人的机械结构，并进行了关键技术的研究。重点针对研磨大型自由曲面自主作业机器人的曲面重构与定位方法、5－TTRRT机器人运动学动力学建模、运动规划与运动控制、主被动结合的柔顺控制方式等进行了深入论述。力求设计理念符合国内外先进技术的发展要求，设计内容与国内外最新研究成果同步。

本书可供机器人研究及自动化方向的科研人员及工程技术人员使用，也可作为机械设计及其自动化、机械设计及理论、控制理论与控制工程、机械电子工程等相关专业研究生的参考用书。

图书在版编目（CIP）数据

自主研抛机器人技术/王文忠著．—北京：机械工业出版社，2017.5
ISBN 978-7-111-56942-8

Ⅰ.①自…　Ⅱ.①王…　Ⅲ.①专用机器人－研究　Ⅳ.①TP242.3

中国版本图书馆CIP数据核字（2017）第127922号

机械工业出版社（北京市百万庄大街22号　邮政编码100037）
策划编辑：孔　劲　责任编辑：孔　劲
责任校对：樊钟英　封面设计：张　静
责任印制：李　昂
三河市国英印务有限公司印刷
2017年7月第1版第1次印刷
169mm×239mm·7.25印张·2插页·119千字
标准书号：ISBN 978-7-111-56942-8
定价：69.00元

凡购本书，如有缺页、倒页、脱页，由本社发行部调换

电话服务	网络服务
服务咨询热线：010－88361066	机工官网：www.cmpbook.com
读者购书热线：010－68326294	机工官博：weibo.com/cmp1952
010－88379203	金书网：www.golden－book.com
封面无防伪标均为盗版	教育服务网：www.cmpedu.com

序

工业机器人技术应用于曲面的精整加工领域始于20世纪70年代，目前，技术较为成熟的是使用固定型串联关节型机器人，相关的研究成果已得到应用。例如，串联关节型机器人技术已经应用到自由曲面研磨或抛光加工的自动化制造领域。但是随着加工对象尺度的扩大，上述加工方法在自动研抛加工中会受到研抛设备加工范围的限制，同时还存在着加工范围与精度、刚度，运动快速性和稳定性等诸多技术相关联的难题。由于大型自由曲面精整加工技术发展落后于前期的曲面形状加工技术，因而将微小移动作业机器人技术应用于大型自由曲面精整加工，以弥补固定串联关节型机器人的不足。作为提高大型曲面制造的智能化和自动化手段，其在降低成本、提高效率方面的优势受到了产业界和学术界的高度重视。《中国制造2025》的提出，对智能制造提出了新的要求，要求机器人能够实现智能自主作业。本书作者王文忠依托国家高技术研究发展计划（“863”计划）资助项目：“大型曲面自主研抛作业微小机器人技术”和国家自然科学基金项目：“自定位微小研抛机器人精整加工大型曲面研究”，针对制造领域中的这一重要问题展开深入而细致的研究。作为他的博士研究生指导教师之一，我很欣慰地看到了我的学生的专著能够出版，他的研究成果和观点能得以传播。

该书以采用小型装备对大型自由曲面进行精整加工为目的，利用移动作业机器人的技术特点，研发了一种可研磨大型自由曲面的自主移动作业机器人系统。该系统通过连接腿部的直角坐标平台，可进行 X 向与 Y 向运动，应用视觉技术对待加工曲面进行反求，以实现自主规划机器人的路径。书中对该系统在曲面模型重构与定位、运动学与动力学分析、运动规划与运动控制及柔顺控制等方面进行了深入的研究，最后通过机器人研磨加工试验对相关的原理与技术进行验证。本书结构清晰，逻辑严谨，观点明确，行文流畅，研究思路与方法具有一定的创新性。

该书对于从事机器人加工应用的教学、研究人员及企业工程技术人员有启示作用，也可作为研究生的参考书。

王立鼎

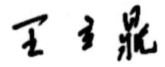

前　　言

近年来，航空航天和先进制造技术的迅速发展，对大型自由曲面的尺寸和表面质量的要求越来越高，研磨抛光光整加工也成为必不可少的加工工序。目前，国内外对大型自由曲面的研磨抛光加工仍然主要依靠手工操作完成，不仅费时费力、效率极低，而且研磨抛光加工后表面质量的均一性较差、表面形状尺寸精度也不高。自动化研抛系统的开发主要是基于数控机床或工业机器人进行的，如果使用机床进行大型自由曲面的自动化磨抛，需要机床的尺寸大于大型自由曲面尺寸，基于传统数控机床或磨床开发的研抛系统，由于其工作空间的局限，远远满足不了大型尺寸曲面研抛加工的要求，这样，大型设备的加工、装配都很困难，加工柔性不足，而且成本昂贵。20 世纪 80 年代末以来，机器人应用的领域不断扩大，基于工业机器人的研抛技术研究逐渐得到了科研工作者的广泛关注，国内外科研院所和高校研究人员就机器人研抛技术做了大量的研究和开发工作，其工作空间的局限性同样远远满足不了大型工件曲面研抛加工的要求。针对上述问题，形成了采用小型自主移动机器人对大型自由曲面进行磨抛的崭新技术思路。利用移动作业机器人全区域覆盖特性，进行大型复杂曲面的研磨加工成为了一种新的方向并有着广泛的应用前景。

全书共分 6 章。第 1 章对移动作业机器人技术进行概述；第 2 章介绍了一种新型自主研磨作业机器人系统及该机器人坐标系内研磨曲面构建方法；第 3 章介绍了机器人研磨自由曲面的运动规划；第 4 章介绍了机器人研磨自由曲面的轨迹跟踪控制策略；第 5 章介绍了自主作业研磨机器人的柔顺控制；第 6 章介绍了 5 – TTRRT 机器人研磨实验研究。

本书是在博士论文基础上，经过修改、充实完善而成，本书的选题来源于国家高技术研究发展计划（“863” 计划）资助项目（编号：2006AA04Z214）“大型曲面自主研抛作业微小机器人技术”。根据作者近年来所取得的学术研究和技术实践成果整理、撰写而成。首先特别感谢我的导师王立鼎院士和赵继教授，还要感谢张雷教授、李大奇博士、杨旭博士、徐刚硕士、李鹏硕士等同学对本书相关研究所做出的贡献。

编写本书，一方面希望推动对自主研抛机器人的进一步研究，同时也希望能够为同行提供借鉴和参考。

本书的出版得到吉林省科技发展计划重点科技攻关项目（项目编号：20140204011GX）“基于自主作业机器人的自由曲面研抛加工研究”和长春工程学院学术专著出版基金的资助，特致以衷心的感谢！

由于作者水平有限，书中必然存在许多错误不当之处，在文字和结构上亦存缺憾，恳请读者批评指正！

王文忠

目　　录

第 1 章　绪　　论

“机器人是一种自动的、位置可控的、具有自动编程能力的高度灵活的自动化机器，这种机器具备一些与人或生物相似的能力，如感知能力、规划能力、动作能力和协同能力”。到目前为止，国内外已对机器人基础理论与基础元器件进行了全面的研究。已相继研制出门类齐全的工业机器人及水下作业、军用和特种机器人，在不同的行业取得了广泛的应用。

目前，将机器人技术应用于大型模具自由曲面精整加工，提高大型曲面制造的智能化和自动化，以降低成本、提高效率，受到了产业界和学术界的高度重视，并且一致认为“模具是工业生产的基础工艺装备”[1]。

1.1　应用机器人技术精整加工大型自由曲面的背景

进入 21 世纪以来，对于大型自由曲面零件的加工要求越来越高，如曲面模具、航空镜头及航空发动机叶片等。其中模具成形具有优质、高效、低成本的特点，世界模具市场需求潜力巨大，因此模具制造已成为各工业发达国家制造业中举足轻重的行业。在机械、电子、轻工、汽车、纺织、航空航天等行业得到了广泛的应用，并承担了这些工业领域中 60% ~90% 产品零件、组件和部件的加工生产。在模具的整个制造过程中，各工序工作量所占比例依次为：设计约 11%、制造约 52%、型面的精整加工约占 37%[2]。模具型面的精整加工工作量大，而且是决定模具和制件质量的重要因素，对产品和模具本身寿命影响极大。据统计，模具型腔表面粗糙度改善一级，模具寿命可提高 50%[3]。因此，加速研发高精度大型模具自由曲面精整加工技术是必然的趋势。

目前，通过前期的数控加工方法可以实现大型模具自由曲面的自动化形状加工，但是为了获得预期的表面质量，加工后的表面都需再经过平滑加工（Smoothing）、研磨（Lapping、Grinding）或抛光（Polishing）等光整加工工序。当前大型自由曲面精整加工技术的发展落后于曲面形状加工技术，由于大型自由曲面精加工的工艺环节自动化程度相对较低，常常还需依靠耗费大量工时的手工操作方式来完成表面研磨（Lapping、Grinding）或抛光（Polishing）。在美国、日本和德国等发达工业国家，总工时的 37% ~42% 被用于精密模具曲面的手工研磨或抛光加工，在我国达到了 50% 以上。手工研磨或抛光加工过程中，形状精度与加工质量的一致性差，且效率低下，与降低制造成本、缩短生产周期、提高质量等要求的矛盾越来越突出，模具制造过程中的薄弱环节与发展瓶颈主要集中在对大型自由曲面的精加工阶段。目前，进口模具约占国内市场总量的20%左右，40%以上中高档模具依靠进口。因此研发具有自主知识产权的大型自由曲面精加工技术与装备的需求越发迫切，特别是针对大型、精密、复杂、长寿命的模具生产需求。

目前若干利用机器人技术的研究成果已应用到模具自由曲面研磨或抛光加工的自动化制造领域。出现了各种新颖的研磨或抛光方法、开发了各种实验装置，进行了机器人研磨运动规划、磨削干涉检验、研磨工艺与控制策略及控制算法的研究等[4-6]。

为了实现大型自由曲面的研磨或抛光加工自动化，在对不同加工对象的待加工区域实现加工时，应用传统的数控机床或一般工业机器人技术，必须依靠大型研磨或抛光加工设备。由于机械设备结构增大到一定程度后，其精度、刚度、响应速度、稳定性和动力等方面的问题难以解决，因而大型自由曲面研磨或抛光系统的研发进展缓慢。

另外，如何使固定加工范围的加工系统适应待加工工件尺寸的变化，即如何提高加工系统的柔性，也是一种需要解决的难题。

1.2 机器人精整加工自由曲面技术研究进展

自20世纪70年代始，工业机器人技术就开始应用于曲面的精整加工，许多相关实用的研究成果已得到应用。其中技术较为成熟的关节型机器人是应用较多的一种，研磨工具被夹持在关节型机器人终端的结构方案，是机器人研磨加工系统的关键。参考文献［7－9］给出了日本几例有关机器人研磨技术的研究成果，为了实现对研磨力的反馈控制，力传感器被安装在关节型机器人的终端研磨执行器上。一个典型的以关节型机器人应用于研磨模具曲面的实例是日本东京科学大学（Tokyo University of Science）研发的机器人研磨系统[10]，图1-1是参考文献［12］提到的加工系统机械结构，机器人研磨系统采用在MOTOMAN工业机器人上加装特制的终端研磨执行机构。夹持终端球形研磨工具的细节如图1-1b所示，三维力传感器安装在工具后端的夹持装置上，可实现对加工作用力和运动方向上摩擦力的反馈。可由CAD模型提供的几何信息得到待加工部位信息，反馈的受力情况能够被综合考虑，加工接触点法向的恒力控制可通过对加工工具的力控制得到保证。

图1-2给出的关节型机器人应用实例，是西班牙马德里技术大学（Poly-

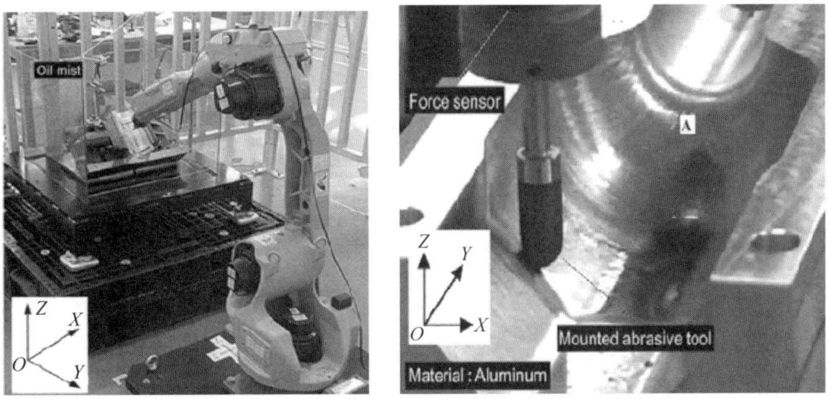

a) 加工系统图　　b) 夹持终端球形研磨工具

图1-1　日本东京科学大学研制的机器人研磨系统

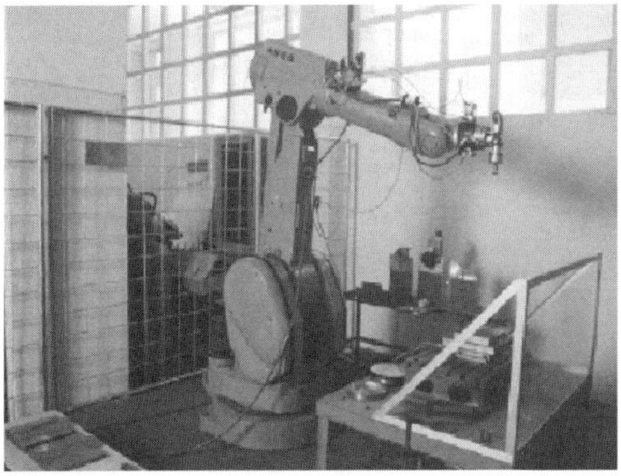

图1-2　马德里技术大学研制的机器人研磨系统

technic University of Madrid, Spain）研发的机器人研磨系统[11]，在自动规划研磨工具的轨迹与控制策略方面，综合利用的几何信息，由被加工曲面的CAD数据模型与研磨工具的运动规划所提供，实现了研磨接触力恒定的要求。

目前，在应用不同种类的机器人实现对不同加工对象和材料的加工方面，国内许多院校与研究所进行了机器人研磨机构、控制系统和工艺机理等方面的研究，取得的部分技术成果已经进行产业化转化。在利用超声振动进行研磨方面，华中科技大学基于日本的RV-2M1型机器人进行了相关研究[12]，吉林大学提出了倾斜超声波研磨方法，利用关节机器人进行了研磨金属模具的自由曲面技术研究[13]；中国科学院沈阳自动化所在机器人研磨有机玻璃的工艺方面，以SIASUN206B机器人为实验平台进行了研究[14]。参考文献［15］基于五轴框架式加工机器人，对研磨的工艺参数和路径规划的优化进行了研究；在柔性研抛系统研究方面，参考文献［16］给出的机器人柔性抛光系统由一台抛光机和一台 ABB 公司的 IRB 4400 机器人组成，对于抛光过程中保持恒定压力的算法和控制方法进行了研究。在一些特殊复杂曲面的研磨加工方面，参考文献［17］针对飞机发动机、汽轮机叶片，研发了由六自由度 ABB 关节式串联机器人和砂带研磨机组成的机器人研磨系统，实现了复杂曲面的研磨加工。此外，在机器人曲面自动抛光系统方面，对于面向熔射快速制模的研究，参考文献［18］以一个六自由度的关节式 MOTOMAN UP－20 型机器人为平台进行了相关的研究，生成了机器人抛光刀具轨迹，研究了软质抛光工具的选择。

在突破传统加工观念方面，日本的一些学者设计出可以自由移动的微型机器人，提出了利用微机器人进行超精密加工的概念，通过机器人群在工件上爬行，可实现纳米级超精密加工[19]，图 1-3 是几种微机器人用于精密加工的实例[20－23]。

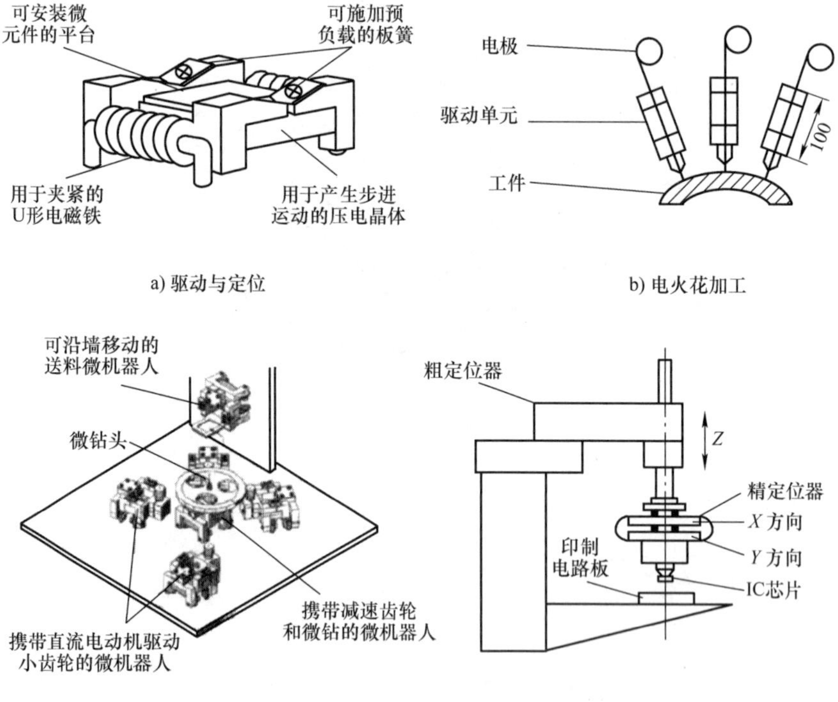

a) 驱动与定位　　b) 电火花加工

c) 协同工作机器人群　　d) 装配机器人系统

图 1-3　几种微机器人用于精密加工的实例

图 1-4 是吉林大学对大型复杂曲面自定位微小研磨移动机器人的研究成

果，目前，已开发了轮式微小移动研磨机器人[24-26]系统。对基于轮式移动平台机器人的研磨工具与加工机理、运动学和动力学模型及相应的控制方法进行了相关研究。

图 1-4　大型复杂曲面自定位自主作业研磨机器人

机器人构成的研磨加工系统与数控机床相比，具有较好的加工柔性与较高的复杂曲面适应性。此外，该类系统在加工过程中，重点强调的是柔顺控制，较低的机械位置执行精度要求，较小的精整加工作用力要求，适合机器人刚性弱、运动精度低的特点，因此在精整加工方面具有很好的应用前景[27]。

机器人的机械机构、研磨执行机构、控制系统和气动、液压系统构成了目前研发的机器人研磨加工系统的主体，此外，还包括控制研磨作用力的多维力传感技术、保证位置精度的位置反馈技术、导航定位的视觉传感器技术、CAD/CAM、运动规划和曲面几何模型重构技术。针对采用机器人实施研磨加工的研究主要从以下几个方面展开：

1）在研磨工艺和加工机理方面，除常规的机械加工方法外，还涉及超声、机械电解复合加工等特种加工方法。

2）针对柔顺性能要求，进行研磨终端执行装置和抛磨工具开发，如利用磁力、气压、弹簧等方法，满足研磨加工中对接触力的柔顺控制要求[28,29]。

3）根据已知的被加工工件的 CAD 模型或对于模型未知的需要通过反求重构得到的工件几何模型，根据不同的研磨执行装置和机器人结构及运动的特点，进行加工区域分划并规划出最优的工作路径，从而保证满足加工质量与加工效率的目标[30-32]。

4）由于机器人具有耦合性强、高度非线性的特点，结合人工智能的进展，如何实施力/位控制研究，使机器人执行研磨轨迹运动时，保持恒定研磨力，实现力/位混合控制，还需要进一步研究。

1.3　移动作业机器人技术国内外研究现状及关键技术研究

1.3.1　移动作业机器人国内外研究现状

从20世纪60年代开始，国外就开展了关于移动机器人的研究，移动机器人涉及多个学科门类的知识。

按照移动方式分类，可以分为轮式、履带式、腿式（单腿、双腿及多腿式）和水下推进式等多种结构，其中轮式结构具有易控制、对稳定性问题影响小、单位移动距离消耗能量小的特性，且可以比其他形式的结构移动得更快。此外，轮式结构的机器人的重心一般在车轮连线在地面投影形成的多边形内，通过适当的车轮配置可以保持机器人稳定而灵活地旋转、平移，因此轮式结构在移动机器人中得到了广泛的应用[33]。

图1-5　3 Rover轮全方位移动机器人

图1-5所示3 Rover轮全方位移动操作机器人（Stanford Robot）[34]，由斯坦福大学的Oussama K研制。

日本东部大学的Yasuhisa H和Wang Z D研制的具有4个Mecanum轮的全方位移动操作机器人[35]，如图1-6所示。

另外，在壁面环境下工作的爬壁机器人（Wall - Climbing Robot，WCR），WCR的运动机构主要有足式、框架式、履带式及轮式等。

图1-7所示电磁吸附足式WCR，由Guo Lin等人设计[36]。行走机构的两只脚带有三个电磁吸盘并成交叉三角形结构，可在壁面实现交替抬起、平移和旋转运动。

Chen I. M. 等人[37]设计了图1-8所示四只脚结构的Planar Walker，机器人的直线行走和转弯功能通过每两只脚之间的气缸伸缩运动带动实现，机器人的固定由每只脚上的吸盘保证。

图1-6 4 Mecanum轮全方位移动操作机器人

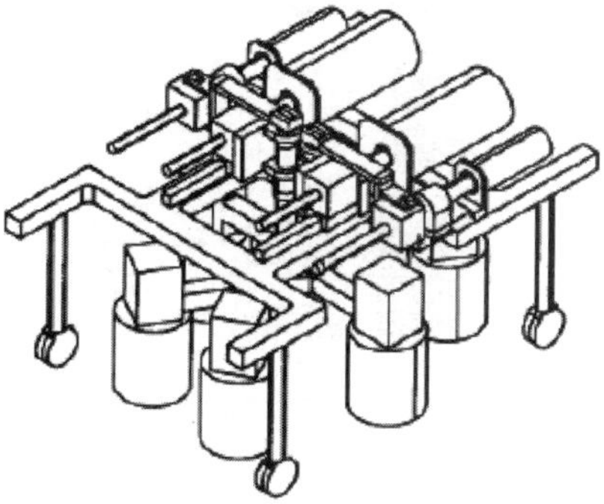

图1-7 Guo Lin设计的WCR

图1-8 Planar Walker

国内在研制移动机器人方面也取得了许多成果，例如：图1-9中所示的具有自主知识产权的“灵蜥—B”型排爆机器人，是由中国科学院沈阳自动化研究所自行研制的[38]。

图1-9 中国“灵蜥—B”型排爆机器人

哈尔滨工业大学在全方位移动机器人方面进行了大量的研究，在参考文献［39］中给出了一种自行研制的移动式作业型智能服务机器人，在该机器人研究项目中主要研究了全方位移动机构、七自由度机器人作业手臂及多传感器信息融合的机器人路径规划等问题。在此基础上，研制出采用 Mecanum 轮的全方位移动服务机器人。

图 1-10 所示的具有抗倾覆机构和纠偏机构的永磁吸附双履带式 WCR[40]，能够用于锅炉水冷壁清扫、检测，通过每条履带上安装的永磁铁来实现在壁面上的吸附。

图 1-11 所示的永磁吸附式 WCR[40]，依靠稀土永磁吸盘作为壁面吸附机构实现对油罐容积检测。

图 1-10 锅炉水冷壁清扫 WCR

图 1-11 上海交大永磁吸附式 WCR

图 1-12 与图 1-13 是两种由北航研制的玻璃幕墙清洗机器人[40]，其中 Cleanbot - I 型由本体、保险与随动系统以及地面支援系统组成。由纵、横呈十字交叉的两组气缸组成的本体，可沿纵横方向自由运动和越障。

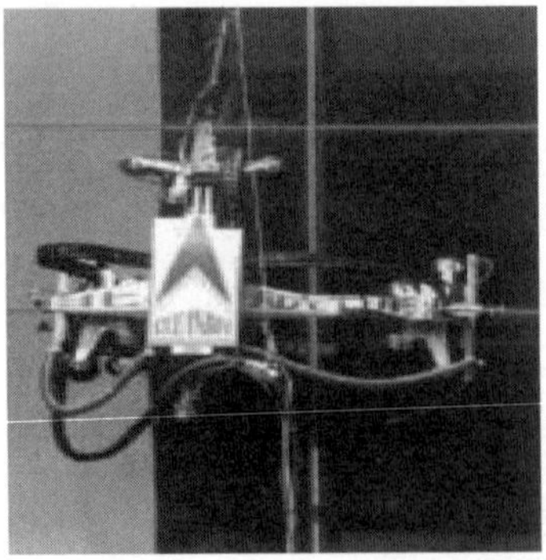

图 1-12 Cleanbot - I

图 1-13 清洗拱形外墙机器人

1.3.2 移动作业机器人关键技术研究

由移动平台和安装在移动平台上的机械臂构成的移动作业机器人，与传统的移动机器人或者机械手相比，兼顾了移动性和操作性。一方面，移动平台和机械手的结合，在扩大机器人工作空间的同时，也带来高度的运动学冗余。另一方面，移动平台和机械手动力学特性的不同，存在着相对复杂的机械结构以及彼此之间的耦合作用问题。移动机械手系统的难点和热点主要体现在如下几个方面：运动学和动力学建模与分析、运动规划与协调运动控制、力控制及导航与定位等[41]。

1. 移动机械手系统的运动学和动力学建模

国外很多学者就全方位移动机械手的建模与控制做了大量的工作，对于轮式移动机器人的运动学与动力学模型，CAMPION 等[42-44]进行了分析和讨论，并对控制方法做了初步研究；对于全方位移动平台与机械臂组成的移动机械手，TAN 等[45]建立了笛卡儿空间的一体化动力学模型，在线性化和解耦方面采用了非线性负反馈的方法，进一步实现了力与位置的同时控制；在移动机械手的动力学模型与鲁棒的控制方法方面，HOLMBERG 等[46-48]进行了深入的研究；对于构成移动机械手的两个子系统，移动平台和机械臂的独立建模及相应的鲁棒控制器研究方面，LIU 等[49]把系统的动力学耦合和不确定性看作是外扰，实现了在外扰有界情况下系统的渐近稳定。目前，针对全方位移动机械手模型的控制，主要有基于运动学模型的控制和基于动力学模型的控制。在实现控制策略方面，一种是把移动平台和机械臂看成是两个子系统，分别建模与控制的分散控制法。该方法虽然简单，但是没有充分发挥移动平台和机械手同时协调运动的优点；另一种是整个移动机械手看成是一个整体，集中建模与控制。该方法建模和控制的计算复杂性较大，实现困难[41]。

2. 移动作业机器人的运动控制

由移动平台与作业臂构成的移动作业机器人是一种非线性不确定系统，该类系统具有复杂的多输入多输出、时变、强耦合特点。在动力学建模中，存在参数的不确定性、外部干扰和未建模动态的影响。移动作业机器人的运动规划、移动作业机器人的协调控制与轨迹跟踪问题是运动控制的主要研究领域。由于运动控制是机器人工作的基础，需要从理论和实际应用方面进行研究，因此，其已成为近年来控制界研究的热点和难点。

（1）移动作业机器人的运动规划问题　在运动规划问题上，移动作业机器人不同于移动机器人。移动作业机器人的运动规划分为移动平台运动规划和机械臂运动规划两部分。移动作业机器人的运动冗余性来源于移动平台和机械臂的组合，根据任务的需要，在完成同一个任务时，存在单独运动移动平台或机械臂及同时协调移动平台和机械臂共同运动来实现的多种方案。

如何协调移动平台与机械臂共同完成给定任务，是移动作业机器人运动规划的重点。有些研究者将整个系统视为一个冗余机械臂，忽略移动平台和机械臂两个子系统间动态特性的差异，分别引入移动平台和机械臂的自由度，对其进行在线规划。参考文献［50］的研究没有考虑避障，其研究思路是：通过规划移动平台的运动使机械臂总是处于首选区域，因此限制了移动作业机器人的能力。参考文献［51］基于 Lyapunov 直接法，未考虑系统动力学特性，其研究思路是在实现移动平台的规划时，利用了全部状态的不连续反馈控制律和导航函数。

高度非线性和强动力学耦合的多输入多输出特点，决定了移动作业机器人系统的动力学特性直接影响运动规划。不同的规划方法相继出现，为实现移动平台的规划，采用基于梯度函数的分层叠代算法进行函数寻优，使机械臂符合期望轨迹给定条件[52]。参考文献［53］提出的机械臂位姿和移动平台稳定性的机械臂运动规划方法，形成的最优规划方法包括车体动力学、机械臂操作空间和系统稳定性。参考文献［54］将非完整移动作业机器人的轨迹规划问题转化为优化控制问题，然后采用遗传算法或分级梯度算法实现了求解。对于运动规划采用人工势场法，在建立移动作业机器人的统一动力学模型基础上，系统的渐近稳定通过 DP 控制器得以实现[55]。

对于一些不需要考虑两者同时运动的情况，移动平台将机械臂送到适当的范围，然后由机械臂单独完成任务，这种运动规划与移动机器人的运动规划相似。不同的任务对移动作业机器人的要求不同，如何协调移动平台与机械臂之间的关系是移动作业机器人运动规划的关键。为充分发挥移动作业机器人的能力，移动作业机器人的运动规划问题有待国内外学者进行进一步的研究。

（2）移动作业机器人的运动控制问题　移动作业机器人系统具有非线性、强耦合的特点，其运动过程存在着完整约束或非完整约束特性。其中移动平台的动力学响应慢，而机械臂的动力学响应快。此外，系统还存在着模型参数的不确定性问题，未建模动态及外界干扰等不确定性的影响。不论在运动学控制（如速度控制）还是动力学控制（如力矩/力/电压控制）方面，设计时应该考虑不确定性因素。

机器人的运动控制几乎与自动控制同步发展，移动作业机器人的控制方法可分为两大类：一类是将机械臂和移动平台分为两部分处理的分散控制，对于动力学耦合不重要的情况，如移动平台运动缓慢的机器人等，可以忽略两者间动态耦合的影响，分别对两个系统设计控制器；或者采用非线性的控制方法、神经网络等方法，把系统的动力学耦合和未知不确定性都看成外扰，分别为每个子系统设计合适的鲁棒控制器[56,57]。参考文献［56］提出的通用鲁棒阻尼控制算法控制器，与系统特性无关、针对系统的动力学耦合、参数和非参数不确定性的在线预估，设计了两个子系统的基于神经网络的控制器。另一类是将机械臂和移动平台作为一个冗余的机械臂进行整体统一控制，为保证系统的稳定性和收敛性，采用已有的非线性控制方法对其进行控制[58,59]。针对没有模型精确信息的情况，把移动平台简化为一个质量—弹簧—阻尼系统，设计了鲁棒控制器，以实现闭环系统的稳定[58]。参考文献［59］对统一动力学模型采用非线性负反馈进行线性化解耦，利用基于事件的控制方法实现了协调控制。对于要求机械臂与移动平台按照期望的轨迹同时运动的复杂控制问题，为保证系统即使受外界干扰也能渐近跟踪给定信号，参考文献［60］对轮式移动作业机器人基于误差动态方程和耗散不等式引理设计了鲁棒跟踪控制器。参考文献［61］应用链式系统理论并在考虑了动力学耦合的情况下，设计相应的跟踪控制器。为保证系统全部状态渐近跟踪期望轨迹，设计了鲁棒控制器，以解决已知的系统惯性参数不精确问题[62]。系统受到摩擦力、外部扰动、参数不确定性的鲁棒控制器设计[63]。针对惯性参数未知时的跟踪控制和力控制问题，设计的控制器可同时解决系统全部状态渐近跟踪期望轨迹与约束力渐近收敛到期望力[64]问题。参考文献［65］提出了操作空间中机械臂末端惯性有效性的概念，研究了惯性力对机械臂姿态控制影响的求解方法。

3. 移动作业机器人的力控制问题

由于存在作用端与外界接触作用力（包括力矩）的控制要求，机器人在受限空间的运动控制情况区别于在自由空间的运动控制情况，如何进行作用力的控制，以避免机器人与工件间产生过强的碰撞而导致工件变形、损伤甚至报废及机器人损坏，为了解决同时对机器人末端位置和接触力控制的问题，目前主要采用机器人力/位控制的方法。在力控制过程中，要求机器人的运动轨迹符合期望的轨迹要求，同时作用力控制在规定的范围内，即在满足运动轨迹的同时调整作用力的大小。一种是采用轨迹控制的方法，间接地保证控制力的目的的控制方法。另一种是通过在机器人上安装力或触觉等传感器的直接力控制方法，机器人在受约束方向上与外界间的作用力通过传感器可检测到，控制系统根据检测到的力信号，按照设定的控制规律，主动实现对作用力的相应控制。在此过程中，为了使作用力保持恒值或在一定的范围内变化，机器人系统产生一种克服作业环境或者依从于作业环境的运动。在轨迹与路径控制方面，区别于常规位置控制器所做的对其抵抗或消除方式，控制器对外界施加的作用力产生不同程度的“妥协”即顺应或依从，机器人对接触环境顺从的这种能力称之为柔顺性。机器人的柔顺性通过被动柔顺（Passive Compliance）和主动柔顺（Active Compliance）两种方式实现，弹簧、阻尼等构成的辅助柔顺机构是机器人被动柔顺的主体，机器人在实现其与作业环境接触时，能够对外部作用力产生自然顺从；在根据力反馈信息实施的主动柔顺中，不同的控制策略决定了主动控制作用力的大小。主动柔顺的控制（Active Compliant Control）也称力控制（Force Control），本文提到的力控制指的是这种控制方式。

机器人力/位控制基本分为两类[66-68]：

第一类称为力/位混合控制，既利用力和位置的正交原理，在受约束方向上采用力控制，在不受约束方向上进行位置控制。对于作业空间包含任意方向的力和位置控制，Raibert 和 Craig 通过雅可比矩阵分配到各个关节控制器上，对于力与位置的控制，机器人以独立的形式同时实施，引入对角矩阵将力和位置在不同方向上分别进行控制[69]。在控制器设计方面，通常采用常规线性反馈 PID、PD 控制形式，机器人与外界的动力学特性和运动学结构决定了控制器的结构。总之，力/位混合控制具有理论明确，实施难的特点。

第二类称为阻抗控制，为了达到控制力的目的，通过建立机器人所受作用力与其位置（或速度）偏差之间的关系，对反馈的位置误差、速度误差或刚度进行调整[70]。参考文献［71］研究了在笛卡儿坐标下把力反馈信号转换为位置调整量的方法，即刚度控制。参考文献［72］研究了在笛卡儿坐标下把力反馈信号转换为速度修正量的方法，即阻尼控制。Hogan[73]建立了一个目标阻抗的二阶线性关系，把对力的控制转化为对位置的控制，即阻抗控制。参考文献［74］总结了阻抗控制的一般性与特殊性，刚度控制及阻尼控制都可认为是阻抗控制的特殊形式。从参考文献［75-84］等对阻抗控制方法在算法简化以及控制器设计等方面所做的进一步研究中，可以看出阻抗控制的控制器结构不需要随着受限情况的变化而改变，在自由空间及受限空间之间进行变化时，可得到在一定范围内变化的控制作用力情况。在阻抗控制器设计方面，实现给定阻抗关系式的前提，是必须先对机器人进行解耦和非线性补偿，非线性补偿控制被广泛应用于此种情况。阻抗控制方法在去飞边、孔加工、刻槽、抛光、折弯等接触作业中，得到了一定的应用。

针对上述两类力/位控制方法，从适用范围和控制效果看仍有不足。为了解决机器人及负载（包括外界环境对象）参数不确定及模型简化对系统非线性的补偿问题，采用了自适应控制[85-92]；针对约束运动，对模型参考自适应 PID 控制的稳定性条件和判据，NicolettiG. M 用 Lyapunov 稳定性理论进行了研究；对于受限空间，Fukuda 研究了适应外界模型参数自适应非线性补偿控制方法。在自适应控制和鲁棒控制方面，现有成果已在实际应用中取得成功。将自适应控制用于可移动机器人的力/位控制方面，Dong wenjie 和 Michael 的研究成果具有代表性。在工业机器人的力/位控制中，Villani、Antsaklis、Roy进行了自适应控制研究[95-98]，Natale、Nganga-Kouya进行了鲁棒控制研究[99,100]，Natsuo Tanaka进行了H∞自适应控制研究[101]。

上述的控制方法与策略中存在着一个共同的建模难题，就是机器人本身具有的时变、强耦合以及不确定性。此外，再结合力反馈的输入，更增加了建模的难度。从现有的研究成果可以看出，智能力/位控制策略的出现是必然的[102-110]。在机器人的力/位控制研究方面，Jasmin Velagic[111]和Y. Touati[112]采用了模糊控制方法。在解决机器人打飞边的问题上，Hsu Feng-Yih和Fu Li-Chen利用了模糊自适应控制方法；在应用神经网络补偿系统滞后和关节静摩擦力方面，S. Jung等对机器人力/位混合控制使得性能易受影响的问题进行了研究[114]；为了改变系统对机器人负载、位姿、环境等效刚度、动静摩擦力等参数变化的鲁棒性，在经典力/位混合控制器的力控制环里面，Ferguene F添加了神经网络控制模块[115]；范文通提出由自适应模糊控制方法逼近整个受时变约束的机器人模型，进行机器人力/位混合控制设计[116]。

在改变阻抗控制性能方面，对于估计环境动力学模型参数的研究，模糊控制、神经网络以及模糊神经网络得到了相应的应用。为了保持机器人与环境间接触力稳定，参考文献［117］设计的模糊控制器解决了环境刚度未知或变化的情况，实时调整阻抗模型参数以适应环境参数变化；为减弱阻抗控制中力控制对环境参数精确度的要求，关于环境参数的估计方法，参考文献［118］中基于PI控制的力控制系数通过采用神经网络调节得以实现；对于机器人参数未知条件下的力/位控制，针对阻抗控制参数的调节，王洪瑞等采用神经网络补偿机器人动力学模型的不确定性，设计了自适应模糊控制器[119]；参考文献［120］研究了模糊神经控制和遗传算法原理补偿环境动力学参数未知的情况，以适应环境变化（或未知）。

根据目前的研究成果可知，智能控制算法中的模糊控制、神经网络控制在机器人力/位控制的实际应用取得了一定进展。对于抛光、研磨等实际应用，Amit Goradia研究了环境未知情况下，对于不同加工表面的机器人力/位控制[121]。对于机器人力/位置，Q. P. Ha[122]采用了阻抗控制方法，B. Yao[123]采用了鲁棒自适应方法。目前机器人力/位智能控制的研究还处于理论研究阶段，技术实现正处于摸索阶段，距离工程推广实用还有一定的距离[124-127]。

4. 移动作业机器人的定位与建图研究

智能移动作业机器人是一种在复杂环境下工作的具有自主反应能力的机器人，其目的就是在没有人干预下使机器人有目的地移动并进行特定的操作，完成特定的任务。自主导航是智能移动机器人的一项首要功能。真正的自主导航要求机器人能够在一个完全未知的环境中建立环境地图，进行精准定位，以及执行相应的规划任务。

环境建模与定位是移动作业机器人导航领域的基本问题与研究热点[128]，也是移动机器人真正实现自主的最重要的条件之一[129]。所谓环境建模（Mapping）是建立机器人所工作环境的各种物体如障碍、路标等的准确空间位置描述信息，即空间模型或地图。而定位（Localization）则意味着机器人必须确定自身在该工作环境中的精确位置。精确的环境模型（地图）及机器人定位有助于高效地进行路径规划和决策，是保证机器人自主安全导航的基础。如果已知环境的真实地图，估计机器人的路径，那就是定位问题[130]。同样的，如果机器人的真实路径可知，地图的创建就是相对容易的工作了[131,132]。

长期以来，建图研究与定位研究独立进行，研究定位时需要先验地图，研究建图时则假定机器人位姿已知。如果机器人的路径和地图都未知，就必须同时考虑定位和制图，也就是 SLAM 问题，即 Simultaneous Localization and Mapping，也叫 Concurrent Mapping and Localization。机器人同时定位与制图是移动作业机器人在未知环境中行走的先决条件，是实现其智能化的关键，在机器人领域受到广泛的关注。SLAM 是用于解决移动作业机器人在未知环境下移动的问题。机器人对自身运动的状态和环境中的目标的位置进行观察，然后再重建一个精确的全局地图并得到机器人所行走的路径，这就是 SLAM 问题，它是移动作业机器人能否真正实现自主作业的先决条件[133]。用于 SLAM 研究的视觉传感器有多种配置方式，包括：单目视觉、双目立体视觉、多目立体视觉以及全景视觉等。此外，视觉传感器与激光、超声等传感器组合使用也受到重视。

目前，机器人的定位原则是确定移动作业机器人在运行环境中相对于世界坐标系的位置，移动机器人的定位方法可以分为以下三类[134,135]：

1）相对定位：又称航迹推测（Dead Reckoning，DR），在已知初始位置的条件下，通过利用里程计、陀螺仪等内部传感器，测量机器人相对于初始位置的变化量来确定当前的位置，具体可通过测程法与惯性导航方法实现。对测程法的理解有狭义和广义之分，利用编码器测量轮子位移增量推算机器人位置的狭义测程法，需要借助外界传感器的信息修正编码器的定位误差，通常采用卡尔曼滤波法加以改进[136]。基于编码器和外界传感器（例如声呐、激光测距仪、视觉系统等）信息的广义测程法，对环境特征信息提取后与环境地图匹配，利用多传感器信息融合算法估计机器人的位置[137]。

2）绝对定位：主要采用导航信标、主动或被动标识、地图匹配或全球定位系统进行定位。绝对定位方法中，信标或标识牌的建设和维护成本较高，地图匹配技术处理速度较慢，GPS 的信号易被遮挡，只适合于在室外开阔的环境下定位。

3）组合定位：是针对单一定位方法的不足，采用的基于航迹推测与绝对信息矫正相结合的定位方法。

室内移动机器人的定位技术归纳起来主要有：视觉定位技术、WLAN 定位技术以及 RFID 定位技术等。视觉定位系统主要包括：摄像机或电荷耦合元件（charge coupled device，CCD），图像传感器、视频信号数字化设备、基于数字信号处理（digital signal processing，DSP）的快速信号处理器、计算机及其外部设备等，其工作原理为对机器人周边的环境进行光学处理，完成机器人的自主导航定位功能。

不论采用何种导航方式，智能移动作业机器人均需完成路径规划、定位和避障等任务。路径规划是自主式移动作业机器人导航的基本环节之一。它是按照某一性能指标搜索一条从起始状态到目标状态的最优或近似最优的无碰路径。根据机器人对环境信息知道的程度不同，可分为两种类型：环境信息完全知道的全局路径规划和环境信息完全未知或部分未知，通过传感器在线对机器人的工作环境进行探测，以获取障碍物的位置、形状和尺寸等信息的局部路径规划。

基于计算机视觉技术的测量是自主移动作业机器人获取环境信息的主要方法，该方法是现代测量技术的一个分支，是以现代光学为基础，融合电子学、计算机图形学、信息处理、计算机视觉等科学技术为一体的现代测量技术。最为典型的是结构光法和双目立体视觉法。结构光三维测量是目前在工业领域中应用最广泛、技术相对成熟的非接触三维测量技术之一。Huang 在参考文献［138］中详细介绍了基于数字条纹投影的三维形貌测量技术的最新进展。

在获取环境信息方面，利用视觉技术可实现对待加工曲面模型信息的获取及重构。实现自由曲面重构的关键技术包括：数据获取技术、数据处理技术、曲线生成技术、曲面生成技术。数据获取技术即将实物模型包含的表面几何信息精确地转换成 CAD/CAM 系统能够接受的数字信息。只有获取了高质量的三维坐标数据，才能生成准确的几何模型。曲线拟合就是用理论曲线去模拟一组实验数据点。因此，曲线拟合有两大任务：第一是解决用什么样的函数表达式去描述实验数据，即确定数学模式问题；第二是在函数表达式确定之后，如何计算表达式中的参数问题。曲面生成的方法可以分为两种方式：一种是先由测量点拟合出组成曲面的样条曲线，再利用 CAD/CAM/CAE 系统提供的拉伸、旋转、扫掠蒙皮等功能构造曲面，这种方式较适合构造规则曲面或者曲率变化平缓的曲面。另一种方法则采用点云数据直接拟合成曲面的方式，利用点数据贴合自由曲面，以类似投影的方式建构曲面，拟合算法可以是基本的逼近法、插补法或二者的结合。

第 2 章　新型自主研磨作业机器人系统的研究

对于大型模具曲面的研磨加工，如果采用传统的加工方式，就需要研制大型的研磨设备，但是研发与制造大型研磨设备的成本高、难度大。另外研磨设备无法适应不同尺寸工件的变化需求。结合目前移动作业机器人的研究成果，本文介绍一种具有实用性的研磨大型模具自由曲面的移动作业机器人系统。

该系统是基于 $x-y$ 移动平台形式的吸盘式机器人，适合于在变化的空间进行机动工作，操作臂可以实现符合研磨性能要求的位姿，同时研磨工具头具有符合控制要求的可操纵性，本章对机器人的机械结构、运动能力和集成系统进行分析。

2.1　移动研磨作业机器人系统

2.1.1　自主作业研磨机器人系统技术思路

本文介绍的大型曲面研磨机器人系统由研磨机器人本体、控制系统和曲面模型重构与定位系统构成。

研磨机器人本体：是完成机器人加工运动的主体部分，包括构成机器人的移动平台和操作臂机构、研磨工具部分及相应的驱动电动机、气动系统和各种机载的电、气元件。

控制系统：用于执行机器人在研磨加工和运动中需要的各种计算、决策及对执行元件的控制。硬件部分包括用于机器人控制计算的计算机、用于控制各轴运动的多轴运动控制卡以及各种配套的元件。软件部分包括曲面重构模块、位置控制模块、力控制模块，根据控制结构的功能要求，控制系统软件分为三层：上层根据机器人运动学、动力学模型对机器人的导航和其他控制进行决策；中间层对机器人的速度、加速度及位置进行控制和分配；下层完成对机器人执行机构的控制，如移动平台的运动、各关节的驱动等。

曲面重构与定位导航系统：完成对待加工曲面区域的模型重构与定位，是整个系统的基础工作部分。可实现待加工曲面模型的重构，然后通过控制系统进行机器人运动的位置、姿态坐标检测和计算。

2.1.2　自主作业研磨机器人的结构与性能要求

根据机器人研磨大型模具自由曲面的工艺要求，研发的研磨移动机器人技术要求如下：

1. 机器人工作环境要求

1）机器人工作环境为室内或室外。

2）大型自由曲面的曲率较平缓，曲面规格应大于1m×1m。

3）机器人工作环境温度应在10～40℃。

2. 机器人主要技术指标要求

1）机器人整体尺寸：小于600mm×600mm。

2）机器人本体质量：小于60kg。

3）机器人行走速度：0～1.5m/min。

4）机器人运动要求：平稳、灵活和较好的可操纵性，可以实时调整变换位置和姿态。

2.2　自主作业研磨机器人机械本体的研制

我们研制的机器人整体结构如图2-1所示，运动顺序为：从机器人坐标系的原点开始，沿着第一个关节运动到末端关节，移动副用T表示，转动副用R表示，本文的研磨机器人可命名为5－TTRRT机器人。5－TTRRT机器人分为全方位移动平台与操作臂两部分。其中移动平台上安装有直角坐标机构、四足伸缩电动推杆机构、四个吸盘模块、单目视觉摄像机、激光装置和倾斜计等。

2.2.1　移动平台的构建

我们研制的5－TTRRT机器人移动与转向机构是由一个直角坐标机构来实现的，该机构由两个相互垂直的直线运动轴组成，整体的框架结构采用的是滚珠丝杠配合滑动导轨的形式，两个运动轴对应直角坐标系中的x轴和y轴，实现在水平面内的运动。由步进电动机分别驱动x轴或y轴的滚珠丝杠副工作，实现沿着x轴或y轴的运动。通过插补算法控制步进电动机分别实现x轴或y轴的直线运动方式，以控制移动平台到达工作位置。

为实现移动平台在任何位置都能可靠工作，采用了带有四个可伸缩足腿的方案，在x轴与y轴的滚珠丝杠两端分别安置了两个可伸缩的电动推杆，电动推杆伸出的最大行程为50mm。在电动推杆的工作端安装了真空吸盘，为了保证移动平台平行于水平面，采用倾斜计反馈校正的机器人平台姿态补偿策略。利用装在机器人本体上的姿态传感器—倾斜计，可以实时地测出机器人 $x-y$平面与铅垂线之间的夹角，通过该夹角，可以求出移动平台姿态变化的程度。将倾斜计输出的电压信号通过运动控制卡上 A/D 口转换成数字量，最后送入计算机以实现机器人本体的姿态控制。

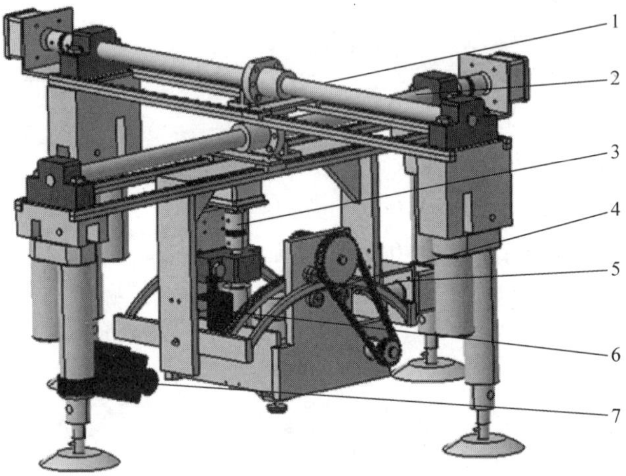

图 2-1 自主移动研磨机器人的结构图

1—x 向进给机构 2—y 向进给机构 3—z 向进给机构 4—摆动机构
5—转动机构 6—激光装置 7—摄像机

2.2.2 操作臂的研制

根据研磨的工作特性与要求，在研磨过程中，无论是采用手工研磨还是机器研磨，都要求研磨工具以一定的姿态作用于被加工的表面上，并沿着研磨轨迹对表面进行加工，即研磨工具与待加工表面存在一定的相对位置关系，在这一过程中，操作者通常通过改变法向研磨力 F、研磨工具的线速度 v、进给速度 f 及姿态角 β 等工艺参数来获得理想的研磨效果。由于研磨工具与自由曲面之间的接触为三维接触，为了保证研磨作用力沿着自由曲面上的法线方向施加，避免研磨工具与自由曲面之间发生干涉，工作过程中研磨工具的姿态要根据需要发生相应的改变。研磨接触区域的形状和尺寸以及研磨接触作用力也随着研磨工具姿态和自由曲面表面曲率的变化而变化。根据常用的研磨工具形状可知，直线、圆弧、螺旋线等简单曲线及其组合构成了研磨工具的工作部分。常用的工具刃及其组合形式可分为：平底工具，柱形工具，锥形工具，鼓形工具，球面工具，圆环面工具，反圆环面工具等。根据研磨工具包络截型的曲率分布，还可分为不可变的、可变的、可大幅度改变的等几种类型的工具。自由曲面的曲率变化相差很大，在对曲面进行加工时，工具包络截型的曲率分布情况及其变化幅度是影响加工的主要因素。

本文介绍的 5 – TTRRT 研磨机器人主要针对的是采用球头研磨工具进行加工的情况。因此，通过研磨工具的工具轴矢量与工件被加工表面的法线方向要保持一定的姿态角，并保证研磨作用力沿着自由曲面上的法线方向施加。此外，研磨工具的运动方向与被加工曲面上不同曲率的对应点切向方向一致也是需要保证的。

研磨机器人的操作臂由三个关节组成，绕 y 轴方向的转动关节 Ⅰ 安装在与 y 轴方向固联的框架上。实现绕 x 轴方向转动的摆动关节 Ⅱ，通过齿轮齿条机构安装在转动关节 Ⅰ 上。实现直线运动的关节 Ⅲ，与摆动关节 Ⅱ 固联。

转动关节 Ⅰ 由步进电动机驱动绕 y 轴方向转动，转动范围为 $-30° \sim 30°$。

摆动关节 Ⅱ 由步进电动机驱动齿轮齿条机构工作。工作时，齿轮沿着弧形齿条运动进而带动关节 Ⅱ 工作，运动的中心平行于 x 轴方向，运动范围为 $-30° \sim 30°$。

直线运动关节 Ⅲ 的滚珠丝杠部分与摆动关节 Ⅱ 固联，通过滚珠丝杠机构的螺母带动研磨工具头进行工作。

5 – TTRRT 机器人机械实物如图 2-2 所示。

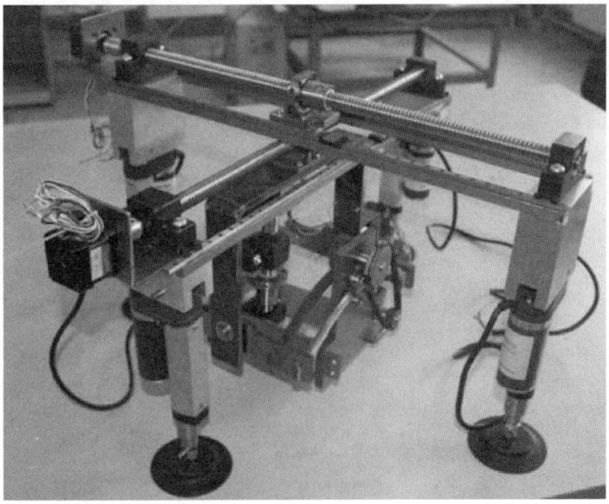

图 2-2　自主移动研磨机器人机械实物

2.2.3 研磨工具开发

利用现有的电动工具如图 2-3 所示，在电动工具与直线运动关节Ⅲ的连接处，安装的研磨工具机构含有压力传感器与被动柔顺环节（弹簧），如图 2-4 所示。可由压力传感器测得实际接触力，通过基于位置的阻抗控制以实现机器人的柔顺控制。

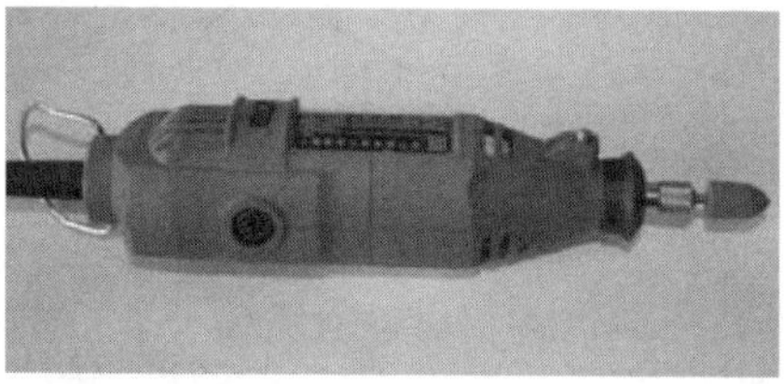

图 2-3　研磨工具

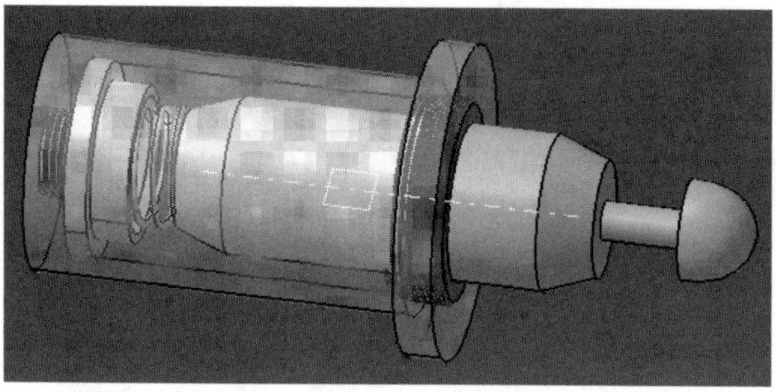

图 2-4　研磨工具机构示意图

2.3 自主作业研磨机器人控制系统

本文介绍的 5 - TTRRT 研磨机器人控制系统的主体采用“PC + 运动控制卡”的主从式二级控制，来实现机器人工具头终端的位姿控制和运动控制。总体结构如图 2-5 所示。

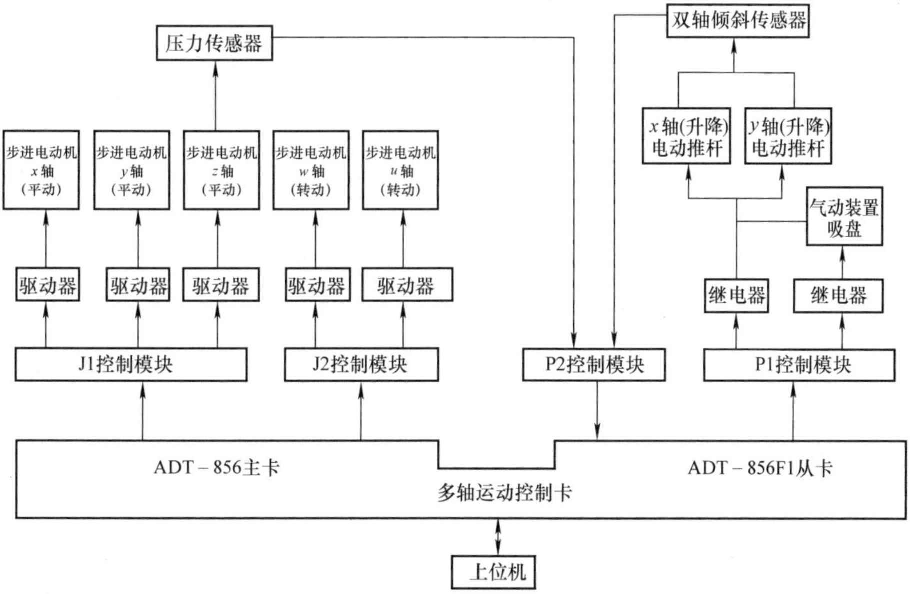

图 2-5　控制系统结构

2.4　5－TTRRT 机器人坐标系内研磨曲面的构建方法

为了保证 5－TTRRT 机器人能够准确地进行曲面的研磨工作，首先必须建立待研磨曲面在机器人坐标系中的三维模型，然后再根据三维曲面模型进行 5－TTRRT机器人的运动规划和速度规划，进行这些工作的前提是必须要对待加工区域建立曲面模型。

目前，自由曲面的三维重构方法主要分为接触式和非接触式两大类：接触式重构应用探针对表面进行接触，较为可靠但容易引起工件变形、划伤和较大的测量误差，而且测量速度较慢[139]；非接触式重构分为主动结构光法和立体视觉法等，原理较为简单，但这些方法一般需要两台和多台摄像机，价格昂贵而且结构复杂[140,141]。基于以上原因，我们利用基于单目视觉加结构光的方法，以实现机器人工作空间内待加工曲面的三维重构。首先利用单目摄像机和一字线激光器构造了一套视觉采集系统，获取磨削机器人待加工表面的序列激光线图片；然后根据激光线特点，采用最小二乘法的二次抛物线拟合的方法对每幅图片中的激光线中心进行提取；对存在的间断激光线，利用三次 B 样条曲线算法对每幅图片的间断线进行拟和生成一条光滑连续的曲线，最后将每幅图片的激光线的强度信息拼接在一起，构成完整的机器人坐标系内待加工表面的三维信息图片，进而进行机器人的运动规划。

2.4.1 系统组成和工作原理

依据摄影测量理论的结构光三维测量法，有效地利用可控光源和图像处理相关的测量技术，可以在一些特殊情况下改善三维坐标测量精度。例如对于一些表面较光滑、形状变化较大、缺乏纹理、灰度不明显的表面区域，可以在物体表面上形成明显的结构光条纹，很容易在信息贫乏区域找到相应的匹配点[142]。结构光源加单相机的立体测量系统在三维重构方面应用较为普遍，本文介绍的自动测量系统，也是利用这种典型的硬件结构来实现磨削的大型自由曲面的三维重构。

曲面重构系统的组成原理如图 2-6 所示，在该系统中，传统接触式坐标测量机的接触式测头被单摄像机和线结构光替代了。将线激光器固定到机器人坐标系的 z 轴方向上，其光轴与 z 轴方向平行，图像平面的坐标 x 轴和 y 轴分别平行于机器人坐标系的 x 轴和 y 轴。在机器人对待加工表面的曲面进行三维重构时，首先机器人进入待研磨区域，然后机器人沿 x 轴方向做水平运动，同时打开线激光器和摄像机开始进行图像采集，得一系列图像，当机器人运动到 x 轴的极限位置后，关掉线激光器和摄像机，机器人回到原位，同时曲面重构系统对已扫描的曲面进行三维重构。如果利用这些图像序列重构一个三维图像，首先需要利用调焦评价函数在这些图像序列中找到图像上每一个像素的正焦点，根据这些正焦点获得自由曲面的正焦图像，再利用物像关系式得到当前视

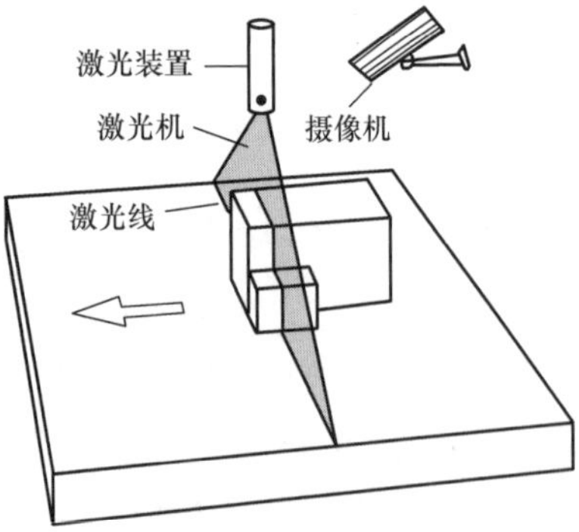

a) 单摄像机与激光布置示意图

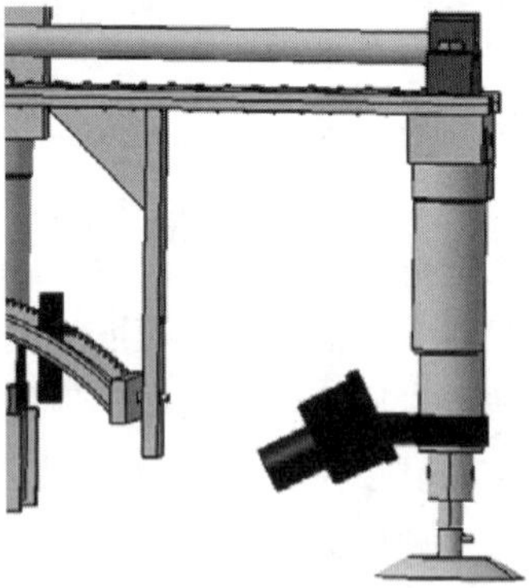

b) 摄像机安装位置示意图

图 2-6　曲面重构系统的组成原理图

场的自由曲面上点的三维坐标值。5 - TTRRT 机器人带动摄像机和线激光器在被测工件表面循环扫描、计算，最终得到全部自由曲面上点的三维坐标。

研磨机器人自由曲面三维重构的硬件系统构成：图像采集为北京大恒 DH - HV1302UM 的分辨率为 1280 × 1024 的摄像机，激光器为 M635AL5 - 24 一字线激光器。在图像采集系统的安装过程中，确保相机镜头与 z 轴的夹角能够清晰地获得每帧图像上完整的激光线，并且尽量保证摄像机与 z 轴的夹角足够大，使得曲面在 z 轴方向较小的高度变化就可以获得激光线在图像上较大范围的变化。同样的高度，激光线变化范围越大，所获取的曲面模型的精度越高。

2.4.2　自由曲面的三维重构

1. 激光线的提取

曲面重构就是根据曲面实物模型的点云，重建其几何和拓扑信息，并再现其特征的过程[143]。本文采用抛物线拟合法实现了图像中激光线中心的提取，其中线激光源发射在被测物体表面形成的激光条在宽度方向上其激光的强度近似高斯分布。图 2-7a 为本实验中激光线的一个截面分析图。基于其激光的强度近似高斯分布这一特点，本文利用最小二乘法的二次抛物线拟合法提取激光线中心的坐标[144]。

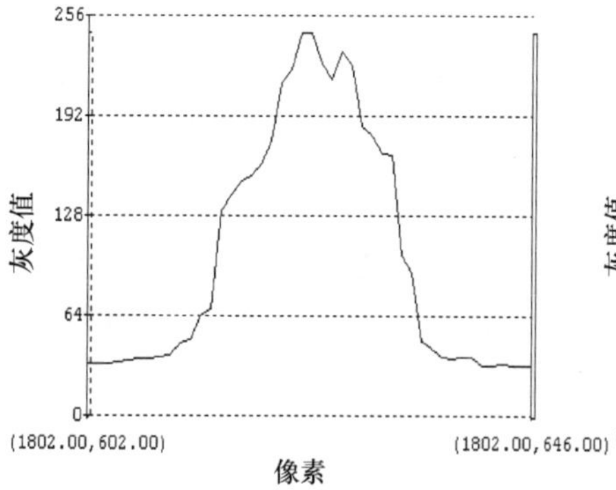

a) 激光线光强度截面图

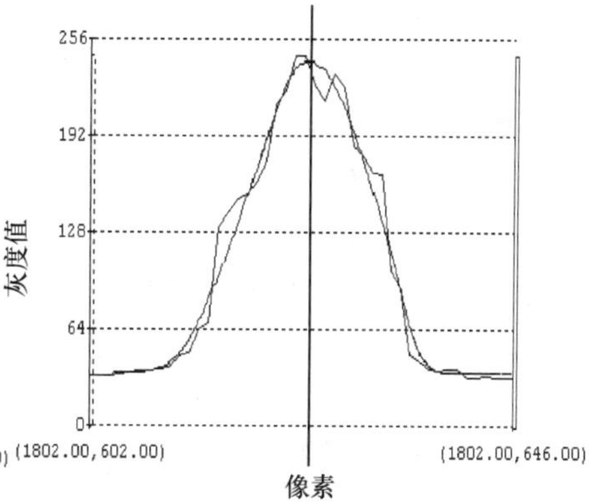

b) 二次抛物线拟合

图 2-7　激光线截面图与中心的提取

利用最小二乘法的二次抛物线拟合法提取激光线中心的数学原理：设有 m 组实验数据（x_k，y_k），$k=1, 2, \cdots, m$。可以求取抛物线的系数 a_0，a_1，a_2。

$$p(x)=a_0+a_1x+a_2x^2 \tag{2-1}$$

使其满足

$$s(a_0,a_1,a_2)=p(x)-y_k=\min \tag{2-2}$$

在式（2-2）中，为了使 S 满足最小值，则有

$$\partial s/\partial a_j=0 \quad (j=0,1,2) \tag{2-3}$$

从而可以得到

$$\begin{pmatrix} m & \sum_{k=1}^{m} x_k & \sum_{k=1}^{m} x_k^2 \\ \sum_{k=1}^{m} x_k & \sum_{k=1}^{m} x_k^2 & \sum_{k=1}^{m} x_k^3 \\ \sum_{k=1}^{m} x_k^2 & \sum_{k=1}^{m} x_k^3 & \sum_{k=1}^{m} x_k^4 \end{pmatrix} \times \begin{pmatrix} a_0 \\ a_1 \\ a_2 \end{pmatrix} = \begin{pmatrix} \sum_{k=1}^{m} y_k \\ \sum_{k=1}^{m} x_k y_k \\ \sum_{k=1}^{m} x_k^2 y_k \end{pmatrix} \tag{2-4}$$

由式（2-4）可以得到参数 a_0，a_1，a_2。其极大值位置为

$$x_{\max}=-a_1/(2a_2) \tag{2-5}$$

利用抛物线拟合法求取光条中心的算法原理：在图像中利用大津阈值法(otsu)[145]获得最佳阈值 T，从左至右逐列扫描预处理后的光条并求得每一列的灰度最大值，这些最大值的点，其值如果小于最佳阈值 T，则判断其是光条外的点；其值如果大于最佳阈值 T，则判断其为光条上的点。这时在点的上下两侧分别取 n 个像素点（因为 $2n+1$ 是光条横截面宽度）；将这些 $2n+1$ 个像素点的灰度值视为抛物线上的点，通过求取抛物线上的极大值获得该列的激光线光条中心，见图 2-7b。

以某汽车覆盖件进行表面重构过程为例，说明激光线的提取过程。图2-8a为对某一汽车覆盖件图像采集过程中获得的序列图像之一，在此图像中有一条非常明显的激光线，通过对图像进行处理，可以从图像中提取出激光线信息，生成深度图，图 2-8b 为采用抛物线拟合法获得的光条中心的激光线图像。

为检验这种抛物线拟合法求光条中心方法的效果，用计算多次测量的算术平均值的标准差方法，对某一空间点的像素坐标重复测量 n 次，计算该像素点的算术平均值的标准差；对系统测量空间中 m 个空间点的算术平均值的标准差，计算其均方根作为整体的标准差。在中心拟合实验中任意选取一条光条的像素数 $m=250$；每个空间点重复测量 10 次，即 $n=10$。表 2-1 中为其中一小段像素个数为 10 的激光线用拟合抛物线方法计算得到的中心值的算术平均值和 10 次重复测量的标准差，整体的标准差为 0.018 像素。

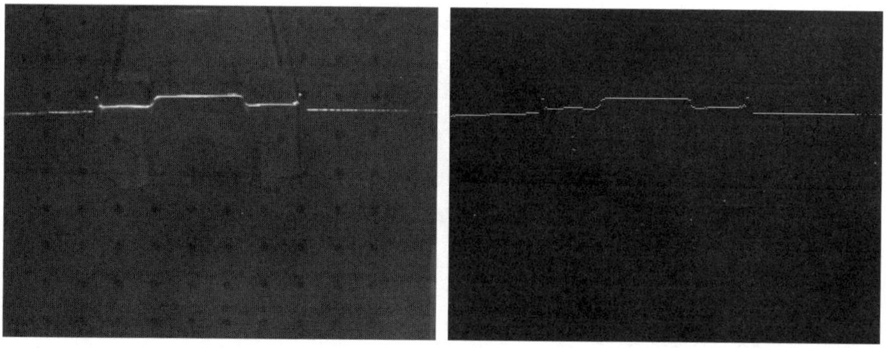

a) 原始图像　　b) 提取后的激光线

图 2-8　抛物线拟合法求光条中心

表 2-1　光条中心算术平均值及其标准差像素

序号	光条中心 y	标准差 σ	序号	光条中心 y	标准差 σ
1	258.43	0.012	6	257.11	0.018
2	258.02	0.015	7	256.74	0.018
3	258.15	0.021	8	256.62	0.012
4	257.83	0.008	9	256.30	0.000
5	257.51	0.017	10	256.20	0.006

通过线激光图像法得到图像，计算出激光线中心坐标，然后根据已建立的视觉检测数学模型及二维图像坐标，通过后面介绍的三维曲面的重构方法得到对应空间点的坐标，经检验整个测量系统的测量精度可以达到 0.079mm。

2. 填充丢失的数据点与三次 B 样条曲线

通过一系列图像预处理后得到的一字激光线的图像如图 2-9 所示，光线在纵向上的变化反映了实际加工表面上高度的变化。从图中可以看出，这些提取的激光线是间断的，这样将失去部分曲面信息，这种情况对于机器人的曲面研磨加工就会存在一些加工不到的区域。机器人的研磨加工是在工件的曲面半精加工完成以后进行的，所以它的曲面表面应该是较为光滑连续的。因此，对于这些间断的激光线，可以应用三次 B 样条曲线算法对这些点进行拟合。B 样条曲线具有很好的局部控制性。对于 B 样条曲线，多项式的次数不取决于特征多边形控制顶点的数目，避免了 B 样条曲线次数随着控制顶点数目的增加而增大的缺点。这样激光线的间断点的曲线拟合只和它相邻的几个点有关联。

基于特征点的位置矢量和 Bézier 方法，是自由曲线构造的理论基础。就其

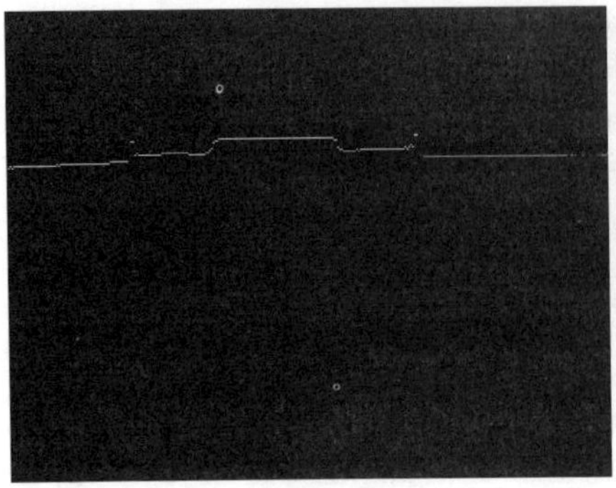

a) 间断激光线图

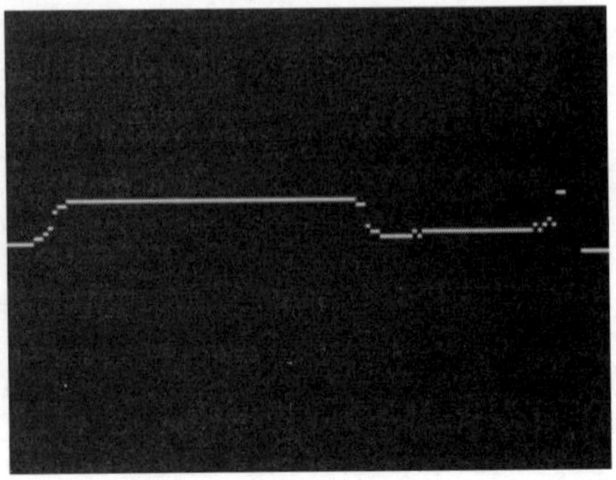

b) 局部放大图

图 2-9 提取的一字激光线图片

本质而言，由多段 Bézier 曲线构成的 B 样条曲线，是 Bézier 曲线段的集合。由 $n-2$ 条三次多项式曲线段（Bézier 曲线段）$\boldsymbol{r}_0(u)$，$\boldsymbol{r}_1(u)$，…，$\boldsymbol{r}_{n-3}(u)$构成的三次 B 样条曲线是 $n+1$ 个特征顶点的逼近线，三次 B 样条曲线的数学表达为[146]

$$\boldsymbol{r}_j(u)=\boldsymbol{r}_j(v)=\frac{1}{6}(v^3 \quad v^2 \quad v \quad 1)\times\begin{pmatrix}-1 & 3 & -3 & 1\\ 3 & -6 & 3 & 0\\ -3 & 0 & 3 & 0\\ 1 & 4 & 1 & 0\end{pmatrix}\times\begin{pmatrix}r_{j-3}\\ r_{j-2}\\ r_{j-1}\\ r_j\end{pmatrix}(0\leqslant v\leqslant 1) \tag{2-6}$$

式（2-6）中，$\boldsymbol{r}_j(u)$为 B 样条曲线上任一点的位置矢量。图 2-10 是使用 3 次均匀 B 样条曲线处理后的激光线图片，从图中可以看出，此时的激光线是非常光滑连续的。

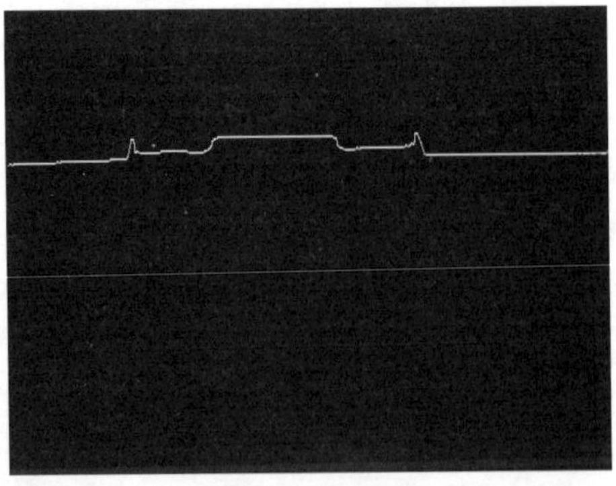

图 2-10 3 次均匀 B 样条曲线处理后的激光线

把层断面上的点拟合成非均匀有理B样条（NURBS）曲线，通常有三种方法：以线段趋近点群来连接线段，线段并不一定通过每一个点，但线段比较平滑；将点群中的每一个点依照顺序串联起来，生成的曲线通过每一个点；保证一定的公差范围的方法。本例中采用第三种方法，以保证曲面的精度，生成的曲线如图2-10。

3. 曲面重构实验

对于拍摄到的序列图像中的每张图片，都可以采用上述的3次均匀B样条曲线算法进行处理，进而可得到一条光滑的曲线，曲线上每点的Y值变化代表曲面上对应点的高度变化，它体现在整个工件图像中的每点的灰度值不同。将所有的序列图像得到的激光线拼接成一幅完整的图片就是重构后的图片，见图2-11。

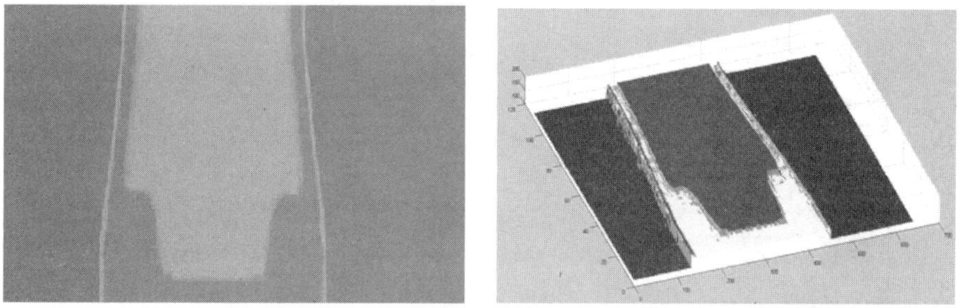

a) 灰度图像　　b) 3D图像

图2-11　待加工表面重构后的图片

图2-11所示就是待研磨表面的曲面三维模型，在此基础上，通过重构后的曲面对应边界点的数值，就能得到重构后的待加工曲面在机器人坐标系中的坐标，它是机器人轨迹规划和运动规划的基础。

将结构光图像法测量结果和三维坐标测量仪测量结果进行比较，结果见表2-2。从表2-2数据来看，这种基于线结构光图像法的测量方法在速度、成本方面具有很大优势。（注：结构光图像法的测量精度是依据三坐标测量仪测量结果计算出来的。）

表2-2　实验结果及误差分析

测量方式	测量精度/mm	方差	测量时间	成本
线结构光图像法	0.08	0.0416	3s	较低
三坐标测量仪	0.0005	—	20min	高

整个研磨机器人工作的流程如图 2-12 所示。

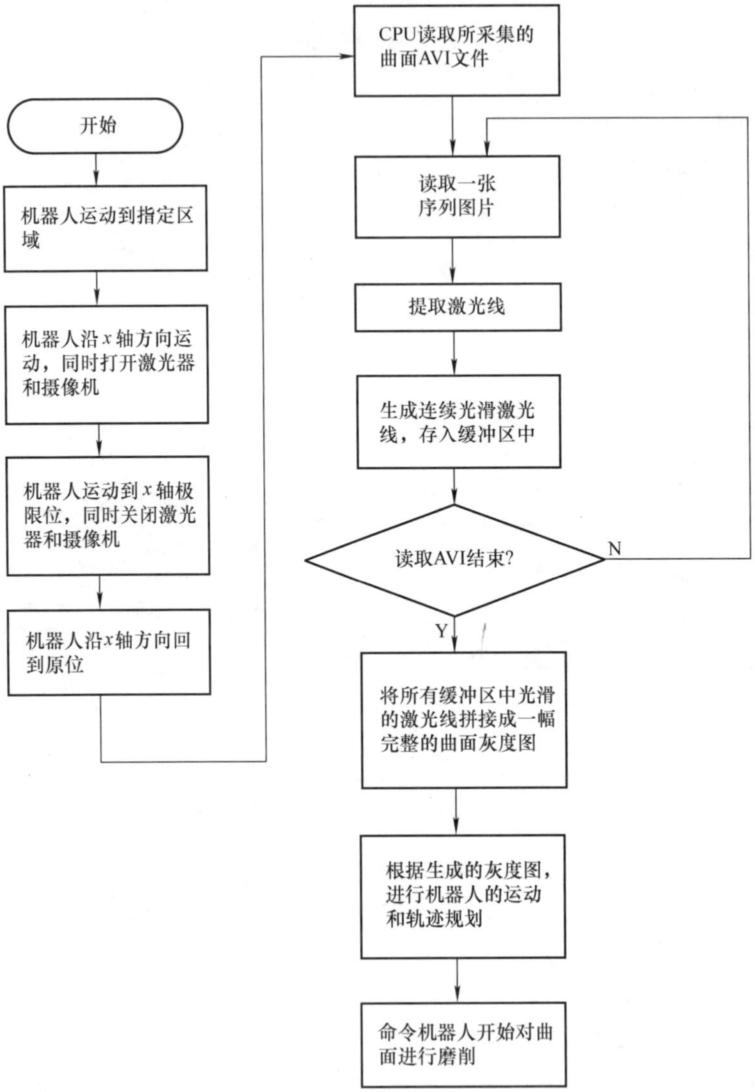

图 2-12　研磨曲面的建立、定位及工作流程

第3章 机器人研磨自由曲面的运动规划

针对已知或未知曲面模型，本文的5 - TTRRT机器人研磨自由曲面时的运动规划技术包括：轨迹规划与路径规划。移动平台运动时，通常需要知道机器人的运动路径或路径上的离散点，通过轨迹规划可求解研磨机器人运动过程中关节或末端执行器各时刻的位置、速度和加速度。机器人系统工作时首先要确定其运动轨迹，根据要完成某种作业的目标，对其运动轨迹进行规划，轨迹规划决定了系统的工作方式和效率，轨迹规划可以在机器人关节空间或者笛卡儿空间中进行；在进行自由曲面研磨精加工作业时，要保证机器人跟踪期望轨迹运动。运动（或轨迹）规划和轨迹跟踪控制是本文的5 - TTRRT机器人运动控制的两方面内容，在关节变量空间的规划中，描述机器人的预定任务通过规划关节变量的时间函数来实现，方法简单，不会产生奇异位置；在笛卡儿空间规划时，需要建立机器人工具末端位置对应的时间函数，通过机器人的逆运动学可求解出相应不同关节的位置。本文的5 - TTRRT机器人在工作过程中，必须保证研磨工具末端按预定路径运动，同时又要避免干涉，必须绕过障碍物，本文选择在笛卡儿空间进行规划。

本文中的机器人机械臂作业过程可分解为在自由空间的运动过程和约束空间的运动过程。在自由空间运动阶段，为提高工作效率，以作业时间最短为目标，实施机器人的自由运动轨迹规划技术。在约束空间运动阶段，根据待加工工件的制造特征，机器人约束运动路径规划技术与工件的制造特征相映射。将工件的设计特征映射为制造特征，进而引导机器人进行作业路径跟踪，机器人的位置求解通过逆运动学分析的结果得到。

自由曲面是由不同类型的曲面组合而成的形状复杂的复合曲面，对于简单解析曲面的数学模型，可通过简单的非参数数学解析式表达。对于自由曲面的数学模型，需要建立相应的参数方程式来表达。所以无法直接用数学表达式实现自由曲面的数学模型表达结果。本文的5 - TTRRT机器人系统进行运动规划时，需要结合上一章获取的待加工自由曲面模型数据，获得研磨工具的刀位点及加工行距，然后确定相应的加工轨迹。因此，本文首先对待加工的自由曲面进行分片划分，然后针对划分后的曲面选择相应的加工路径规划方法，作为进一步建立机器人运动控制策略的基础。

3.1　5-TTRRT 机器人运动学与动力学模型

5-TTRRT 研磨机器人为 5-DOF 机器人，其中移动平台有两个自由度，机械臂有 3 个自由度。对于本文的机器人，由于运动具有冗余度，该机器人的运动学正解唯一，运动学逆解不唯一。因此需要添加约束或优化指标，本文应用 D-H 法建立机器人的运动学模型[147,148]，在 5-TTRRT 研磨机器人的动力学系统中，存在着耦合关系和非线性。常用的动力学建模方法包括拉格朗日（Lagrange）方法、牛顿-欧拉（Newton-Euler）方法、高斯（Gauss）方法、凯恩（Kane）方法、旋量对偶数法和罗伯逊-魏登堡（Roberson-Wittenburg）方法等[148]。其中拉格朗日方法是建立能量的平衡方程，适用于复杂系统建模[148]，因此本文基于拉格朗日方法建立机器人的动力学方程。

3.1.1　5-TTRRT 机器人运动学模型

由于研磨工具末端与第五关节固联，从 5-TTRRT 研磨机器人的定位中心到研磨工具末端建立的运动学分析系统如图 3-1 所示，5-TTRRT 研磨机器人各杆件的参数见表 3-1。

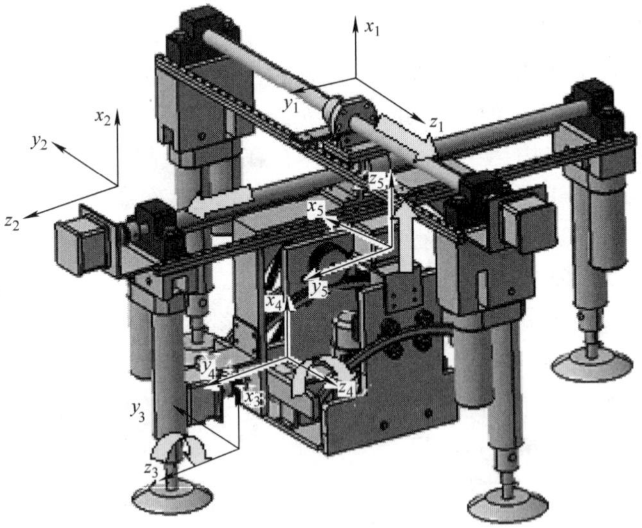

a) 参考坐标系

图 3-1　5-TTRRT 研磨机器人运动学模型

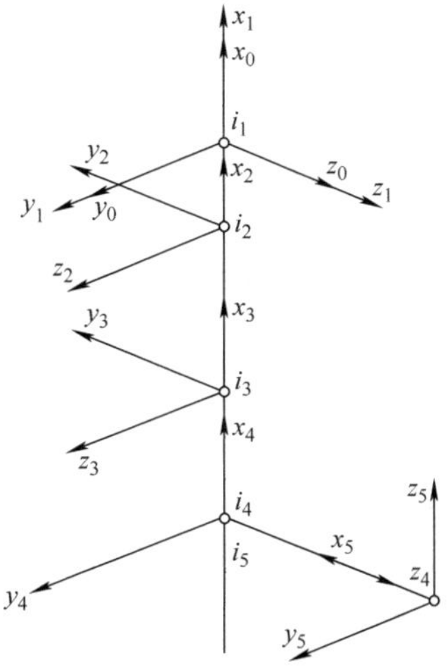

b) 简化坐标系

图 3-1　5 – TTRRT 研磨机器人运动学模型（续）

表 3-1　5 – TTRRT 研磨机器人各杆件的参数

连杆序号 i	θ_x	θ_y	θ_z	l_x	l_y	l_z	变量范围
1	0	0	0	0	0	d_1	–110 ~ 110
2	–90	0	0	–50	d_2	0	–80 ~ 10
3	0	0	θ_3	–222	0	0	–20 ~ 20
4	90	0	θ_4	–110	0	0	–20 ~ 20
5	0	90	0	d_5	0	47	–130 ~ 115

注：在本文的移动平台上层中心处，设置连杆坐标系的原点坐标（坐标系 0_0），设坐标系 0 与坐标系 1 的位置重合。

表 3-1 中，前一坐标系与后一坐标系在 x、y、z 轴的法向平面上坐标系的夹角分别用 θ_x、θ_y、θ_z 表示；前一坐标系与后一坐标系在 x、y、z 轴方向基于坐标系原点的平移距离分别用 l_x、l_y、l_z 表示，其中转角顺时针方向为负，逆时针方向为正；d_1、d_2、θ_3、θ_4、d_5 为关节变量，初始值都为零，具体计算公式见附录。

3.1.2　5 – TTRRT 机器人动力学建模

该系统的拉格朗日能量函数

$$L = K - P \tag{3-1}$$

式中　L——拉格朗日算子；

K——系统的动能；

P——系统的势能。

拉格朗日动力学方程基本表达式为

$$F_i=\frac{\mathrm{d}}{\mathrm{d}t}\left(\frac{\partial L}{\partial \dot{q}_i}\right)-\frac{\partial L}{\partial q_i}(i=1,2,\cdots,n) \tag{3-2}$$

式（3-2）中 q_i——连杆上某点位置的坐标；

$\dot{q}_i$——连杆上某点的速度；

F_i——第 i 个关节受到的力或者力矩，即机器人动力学所求解的未知量；

n——机器人工具端具有的自由度；

L——系统的动能和势能之差。

系统的动力学模型

$$\boldsymbol{M}_0(q)\ddot{q}+\boldsymbol{C}_0(q,\dot{q})\dot{q}+\boldsymbol{G}_0(q)=\boldsymbol{\tau} \tag{3-3}$$

式（3-3）中，$\boldsymbol{q}$ 为 5×1 维关节位置矢量，$\boldsymbol{M}(q)$ 为 5×5 维对称正定惯量矩阵，$\boldsymbol{C}(q,\dot{q})\dot{q}$ 为 5×1 维向心力转矩和哥氏力转矩矢量，$\boldsymbol{G}(q)$ 为 5×1 维重力矢量，$\boldsymbol{\tau}=(f_xf_y\tau_{\theta3}\tau_{\theta4}\tau_{\theta5})^{\mathrm{T}}$ 为模型的广义输入力矩。

经过一系列推导和简化运算，机器人动力学方程最终表达式为

$$T_i=\sum_{j=1}^{n}D_{ij}\ddot{q}_j+I_{ai}\ddot{q}_i+\sum_{i=1}^{n}\sum_{j=1}^{n}D_{ij}\dot{q}_i\dot{q}_j+D_i \tag{3-4}$$

式（3-4）中，由于该机器人是五自由度机器人，取 $n=5$。D_{ij} 称为关节 i 和 j 间耦合惯量，因为关节 i 和 j 的加速度 $\ddot{q}_i$ 和 $\ddot{q}_j$ 将在关节 i 或 j 上分别产生一个等于 $D_{ij}\ddot{q}_i$ 或 $D_{ij}\ddot{q}_j$ 的惯性力；如果 $i=j$，即 D_{ii} 表示关节 i 的有效惯量，因为关节 i 的加速度 $\ddot{q}_i$ 将在关节 i 上产生一个等于 $D_{ij}\ddot{q}_i$ 的惯性力；I_{ai} 为传动装置的等效转动惯量，对于平动关节，I_{ai} 为等效质量；D_i 表示关节 i 处的重力。

$$D_{ij}=\sum_{p=\max i,j}^{n}m_p\{[{}^p\delta_{ix}k_{pxx}^2{}^p\delta_{jx}+{}^p\delta_{iy}k_{pyy}^2{}^p\delta_{jy}+{}^p\delta_{iz}k_{pzz}^2{}^p\delta_{jz}]+[{}^pd_i\cdot p]+[{}^pr_p\cdot(d_i\times{}^p\delta_j+{}^pd_j\times{}^p\delta_i)]\} \tag{3-5}$$

$$D_i={}^{i-1}g\sum_{p=i}^{n}m_p{}^{i-1}\bar{r}_p \tag{3-6}$$

具体计算公式见附录。

3.1.3 5－TTRRT 机器人运动学动力学仿真

假设研磨工具头的期望轨迹为

$$\begin{cases}x=-r\sin\omega t\\ y=0\\ z=-r(1-\cos\omega t)\end{cases} \tag{3-7}$$

注：$r=60\text{mm}$，研磨工具头匀速运动，仿真时间设为 20s，角速度 $\omega=1°/\text{s}$。

应用前述的运动学与动力学模型，结合附录中的计算过程，得到仿真结果如图 3-2 ~ 图 3-4 所示。

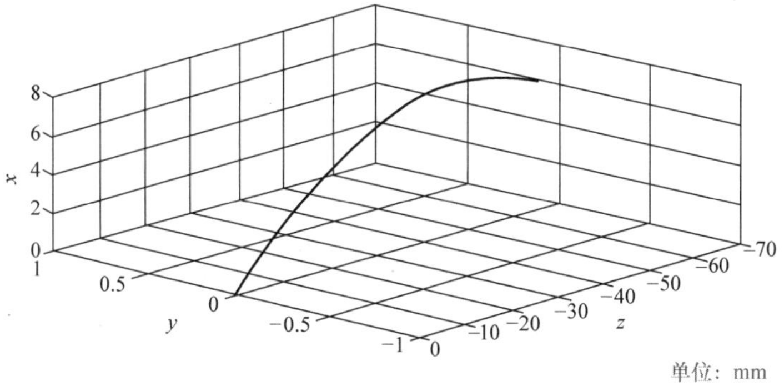

图 3-2　工具头轨迹图

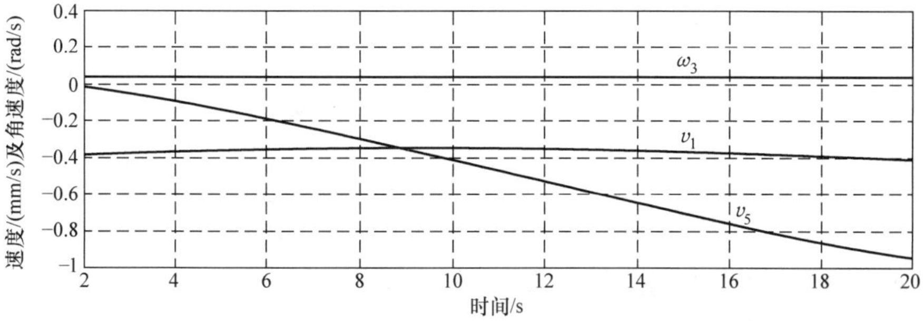

v_1、v_5 分别是关节1和5的速度；ω_3 是关节3的角速度。

图 3-3　三个关节的速度时间曲线

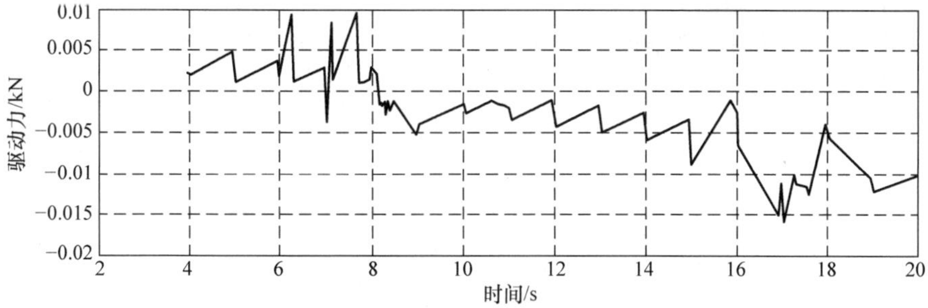

a) 第1移动关节的驱动力时间曲线

图 3-4　各关节驱动力时间曲线

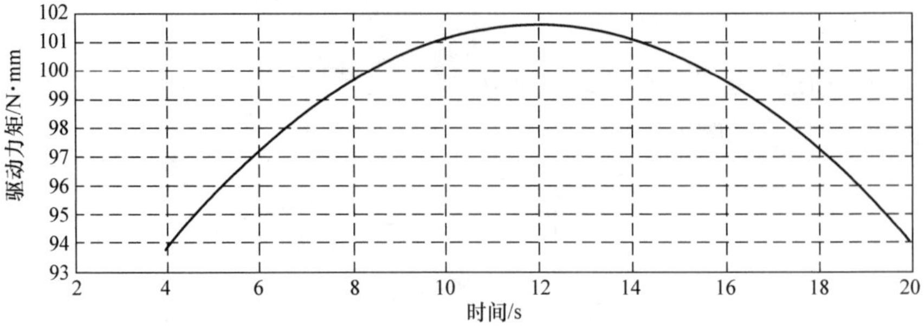

b) 第3转动关节的力矩时间曲线

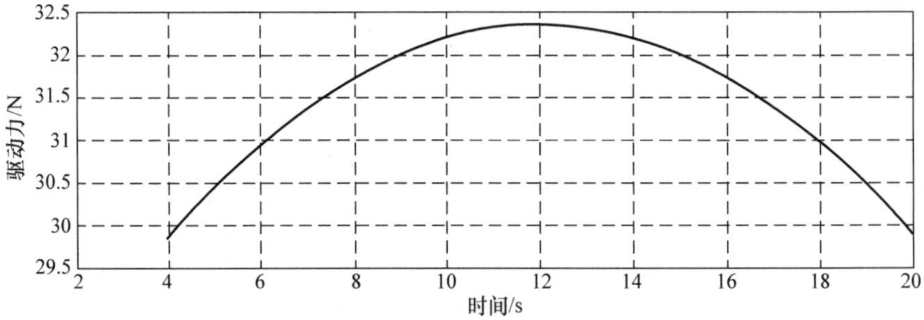

c) 第5平动关节的驱动力时间曲线

图 3-4 各关节驱动力时间曲线（续）

3.2 自由曲面的分片规划

3.2.1 自由曲面特征的基础

1. 曲面法曲率的计算[149,150]

设被加工曲面为光滑曲面，其参数表达式的一般形式为

$$S_i(u,v) = \sum_{i=1}^{k} S_i(u,v) = \sum_{i=1}^{k} (u^3 \quad u^2 \quad u \quad 1)\boldsymbol{Q}_i(v^3 \quad v^2 \quad v \quad 1)^{\mathrm{T}} \tag{3-8}$$

式中 $S_i(u,v)$——第 i 个曲面片的参数方程；

$\boldsymbol{Q}_i$——4×4 的方阵，表示第 i 个曲面片的矢量方阵；

u，v——参数方程的两个参变量，$0\leqslant u$，$v\leqslant1$；

k——曲面片数。

对于曲面上的任意一点，可求得下列 3 个矢量

$$S_u = \frac{\partial S(u,v)}{\partial u}, S_v = \frac{\partial S(u,v)}{\partial v}, n = \frac{S_n \times S_v}{|S_u \times S_v|}$$

式中 S_u，S_v——曲面沿 u、v 参数方向的切向矢量；

n——曲面的法向矢量。

由法向曲率的含义可得法向曲率公式

$$k_n = \frac{w^{\mathrm{T}}\boldsymbol{D}w}{w^{\mathrm{T}}\boldsymbol{G}w} \tag{3-9}$$

式中 $\boldsymbol{w} = \begin{pmatrix} \dot{u} \\ \dot{v} \end{pmatrix}$，$\boldsymbol{G} = \begin{pmatrix} S_u \cdot S_u & S_u \cdot S_v \\ S_v \cdot S_u & S_v \cdot S_v \end{pmatrix} = \begin{pmatrix} g_{11} & g_{12} \\ g_{21} & g_{22} \end{pmatrix}$，

$$\boldsymbol{D} = \begin{pmatrix} S_{uu} \cdot n & S_{uv} \cdot n \\ S_{uv} \cdot n & S_{vv} \cdot n \end{pmatrix} = \begin{pmatrix} d_{11} & d_{12} \\ d_{21} & d_{22} \end{pmatrix},$$

$\boldsymbol{G}$、$\boldsymbol{D}$ 分别为曲面的第一、第二微分基本形式，

$$S_{uu} = \frac{\partial^2 S(u,v)}{\partial u \partial u},\ S_{uv} = \frac{\partial^2 S(u,v)}{\partial u \partial v},\ S_{vv} = \frac{\partial^2 S(u,v)}{\partial v \partial v}$$

令 $B = g_{11}d_{22} + d_{11}g_{22} - 2d_{12}g_{12}$，由式（3-9）可以得到曲面上任意一点的主曲率 $k_{\max}$、$k_{\min}$

$$k_{\max} = \frac{\boldsymbol{B} + \sqrt{\boldsymbol{B}^2 - 4|\boldsymbol{G}||\boldsymbol{D}|}}{2|\boldsymbol{G}|} = k_1 \tag{3-10}$$

$$k_{\min} = \frac{\boldsymbol{B} - \sqrt{\boldsymbol{B}^2 - 4|\boldsymbol{G}||\boldsymbol{D}|}}{2|\boldsymbol{G}|} = k_2 \tag{3-11}$$

2. 自由曲面的区域分类

根据微分几何关于曲面区域的定义可知，曲面的全曲率 $k = k_1 \cdot k_2$，k_1、k_2 为曲面的两个主曲率。

（1）椭圆域。当 $k = k_1 \cdot k_2 > 0$ 时，说明在该区域内曲面的弯曲朝向切平面的同一侧，如图3-5所示，这种区域内的点没有渐近方向的区域称为椭圆域，球面上点也都属于这一类情况。

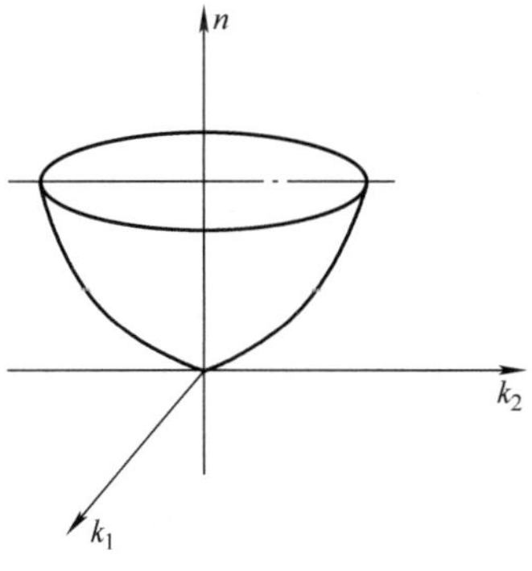

图3-5 椭圆面

（2）双曲域。当 $k = k_1 \cdot k_2 < 0$ 时，这种曲面上各点的两个主曲率的正负号不同的区域称为双曲域。根据其连续性，必存在主曲率 $k_n = 0$ 的两个渐近方向，在整个区域内，必存在将曲面分成沿两渐近方向的两对对顶角区域的渐近曲线族，在每个对顶角区域内各自朝相同的方向弯曲，相邻角区域内的曲面则向异向弯曲，形似马鞍，如图3-6所示。

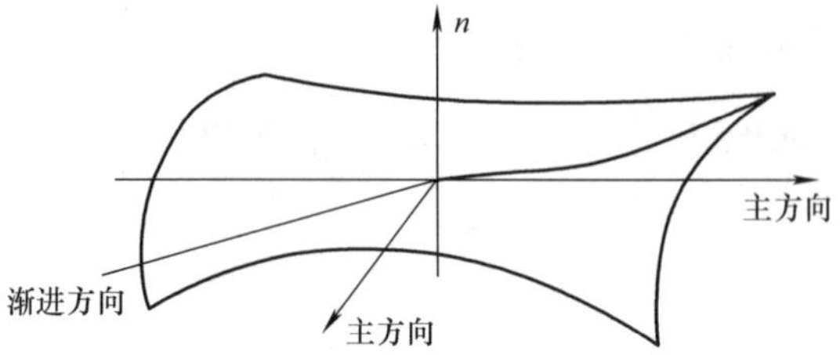

图 3-6 双曲面

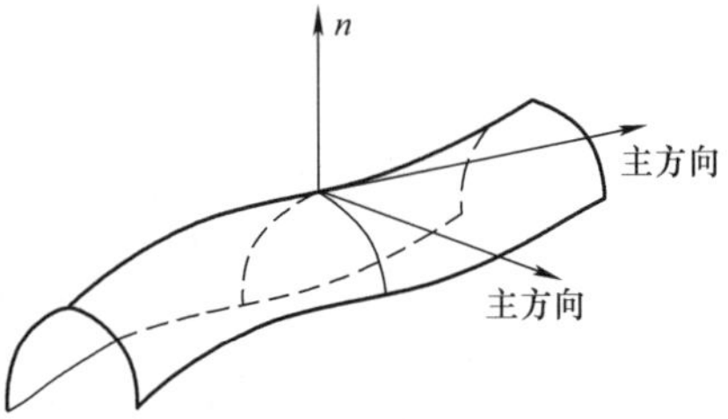

图 3-7 抛物面

（3）抛物域。当 $k = k_1 \cdot k_2 = 0$ 时，可知 $k_1 = k_2 = 0$ 为平面，但一般不是平点，所以仅有一个主曲率为零，即 $k_1 = 0$ 或 $k_2 = 0$，称这样的区域为抛物域，如图 3-7 所示。不失一般性，设 $k_1 = 0$，则 $k_1 = 0$ 所对应的主方向是渐近方向。由欧拉公式 $k_n = k_2 \sin^2 \phi$ 可知，除渐近方向外，抛物域内任意一点其他方向的曲面朝 k_2 对应的同一方向弯曲。

曲面微分几何学是刀具轨迹规划算法的最重要理论基础，在机器人研磨加工过程中，刀具相对于加工曲面的位置关系式就是刀具与空间曲面的几何关系表达方式。根据以上叙述所得各类区域的特征可知，机器人研磨加工的刀具选择和路径规划，应依据曲面的这些特征来制定。

3.2.2 自由曲面分片规划的提出与分片研磨方法

根据大型模具自由曲面在研磨精整加工过程中，对研磨路径与研磨工具的姿态及接触作用力的要求，以及解决研磨精度和效率问题的需要，从保证研磨工具按规划的路径精确运动，同时又必须保持研磨工具与待加工曲面之间特定的姿态角及稳定的接触作用力两个方面研究实施的措施。根据 5 – TTRRT 研磨机器人的工作特点，首先依据人工研磨大型模具自由曲面时，针对不同区域使用不同类型研磨工具的特点，分析人工研磨过程中，不同区域分片规划的方法，将影响曲面片划分与选择的有关因素，作为建立数学模型的约束条件，然后根据计算机图形信息构造的特点，应用相应的算法，提取大型自由曲面上一系列曲面信息与制造特征相似的区域，将这些区域划分为一系列特征相同或相似的曲面片，即可得到不同的曲面片族；为大幅度提高研磨效率，对相同曲面片族进行研磨机器人运动规划时，选择相同的研磨工艺条件，包括研磨工具头、研磨切削参数的选择等。其次，对于每一个曲面片进行加工时，加工路径的规划、工具姿态及不同研磨工具的选择，根据本章的轨迹规划方法进行确定。为了保证研磨工具的姿态变化相对平缓，减少工具头位姿变化引起的冲击。在同一曲面片族内的曲面片，采用相同的工具头和相近的工艺参数进行研磨加工。对于不同曲面片间的过渡选择相应的运动规划，就可以实现从单个曲面片至曲面片族再到整个曲面的加工。

1. 分片算法[151]

首先根据第 2 章的曲面重构模型得到的数据，提取曲面分片所需的几何参数和加工参数，对待加工曲面计算具体的型值点处的曲面参数包括高斯曲率、平均曲率、主曲率、法矢和干涉参数等。对计算所得的这些参数值，应用基于曲率法和中值搜索法确定该曲面片边界和曲面片的中心位置。由于三维笛卡儿空间得到自由曲面上各点的曲率不同，根据上述三种曲面区域的分类方法，采用基于曲率的分片规划，利用式（3-10）和式（3-11）进行自由曲面上每个型值点处的主曲率值求解，可以得到整个曲面的最小曲率半径 R_f

$$R_f = \frac{1}{\max(|k_1|, |k_2|)} \tag{3-12}$$

然后求其邻近的型值点处的曲率半径 R_b

$$R_b - R_f = \varepsilon \quad (|\varepsilon| < \Omega) \tag{3-13}$$

式（3-13）中，Ω 的取值受到多个因素的影响。研磨工具的类型、研磨工具尺寸的大小、研磨加工的工艺参数和研磨机器人作业空间的变化，决定了 Ω 取值的不同。将每次求出的当前型值点处 R_b 与前一个进行比较，若求出的差值 ε 满足给定的公差 Ω，则需要继续向周边搜索，所得的型值点范围向周围扩大，直到搜索到不再符合式（3-13）的条件点为止，就得到所要获取曲面片的边界点，即不符合条件的点。将得到的每个曲面片所有边界点连成边界线，这样就可以得到一个具体的曲面片及其边界。对于得到的待加工自由曲面上的不同曲面片，根据曲面信息和研磨工艺信息相同或相似的原则，划分出若干个相似的曲面片族。具体算法如下：

自由曲面上的一个参数曲面片设为 $S_i(u,v)$，其参数区域为 $[a,b] \times [c,d]$，$P_{i,j}$ 为该曲面片上的型值点，在数组 $\boldsymbol{C}$ 中记录上述信息。

步骤一：求解自由曲面面上最小曲率半径处 R_f 对应的型值点 $P_{fi,fj}$，给定正数 Ω 的值，计算最小曲率半径 R_f。

步骤二：若 $j \leqslant n$，则计算 $P_{i,j}$ 处的曲率半径 R_b，否则执行步骤四。

步骤三：判断 $|\varepsilon| < \Omega$ 条件是否成立，若成立则记录 $P_{i,j}$ 处的数组 $\boldsymbol{A}$，$j = j+1$，执行步骤二；否则将 $P_{i,j}$ 记录到数组 $\boldsymbol{B}$，$j = j+1$，执行步骤一。

步骤四：若 $i \leqslant m$，则取 $i = i+1$，执行步骤二；否则计算结束。

步骤五：对数组 **A**、**B** 和 **C** 中的数据进行整理，数组 **A** 中的数据记录了一组特征相似的型值点，据此可得到一个曲面片，数组 **B** 中记录的 i、j 极值点是曲面片的边界点。应用中值搜索法对同时满足两个曲面片的点进行判断，然后将 **A**、**B** 和 **C** 中的数据继续代入步骤一的条件中重复进行判断，直到遍历整个待加工自由曲面。

图 3-8 为自由曲面分片流程图。

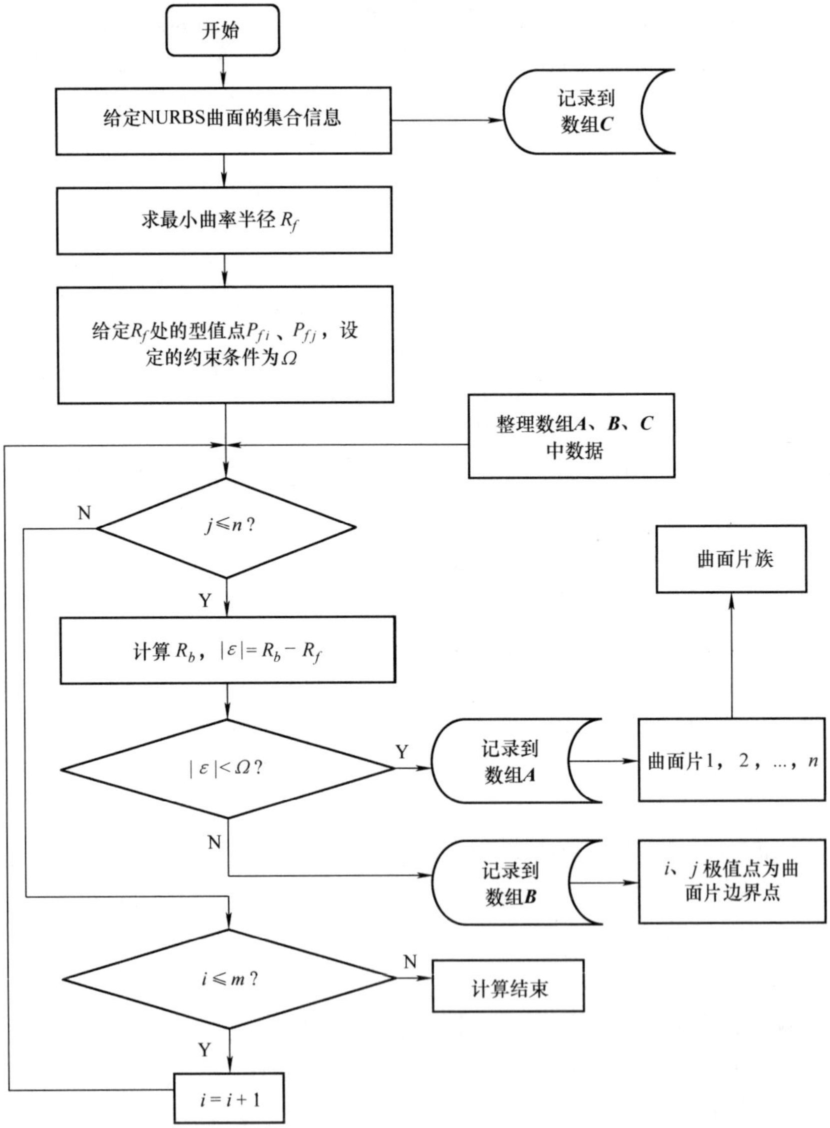

图 3-8　自由曲面分片流程图

2. 曲面边界定义

基于上述的基于曲率的自由曲面分片算法，以及判定边界点的中值搜索法，结合第 2 章得到的曲面模型的重构数据，完成待加工自由曲面的分片和曲面边界的确定；根据所有在同一个曲面片上的网格点有相似的特征，对构成曲面片族的网格点，依据每个点特征信息定义的相似性原理，即每个曲面片中心点的特征可代表同一个曲面片上所有网格点的特征，则曲面片中心点就可代表这些点的特征。而由同一个曲面片上各个点都具有相似的几何性质，就可得到曲面片数目、曲面片边界和子曲面片的中心位置。

3.2.3　自由曲面的加工路径规划

1. 研磨工具加工方向上的刀触点获取[152]

根据给定的精度（弦高误差）要求，如图 3-9。采用上一章的方法得到的待加工曲面模型，对提取并经 3 次均匀 B 样条处理后的激光线上的数据点，进行冗余处理，取得对应于精度要求的刀触点数据。假设 P_1、P_2、P_3、P_4 为处理后激光线上顺序相邻的 4 个数据点，如图 3-10，刀触点数据生成过程如下：

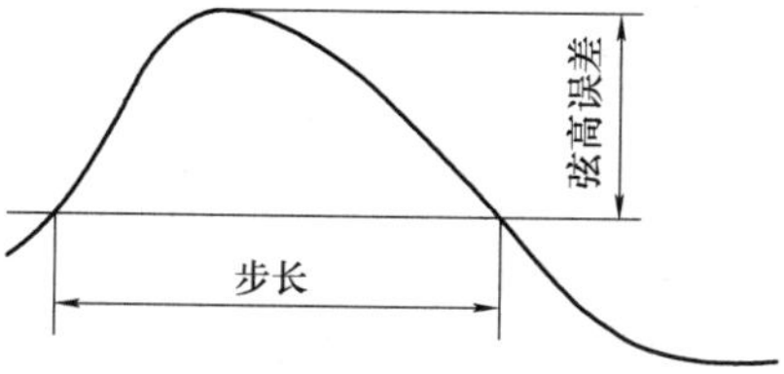

图 3-9　加工步长示意图

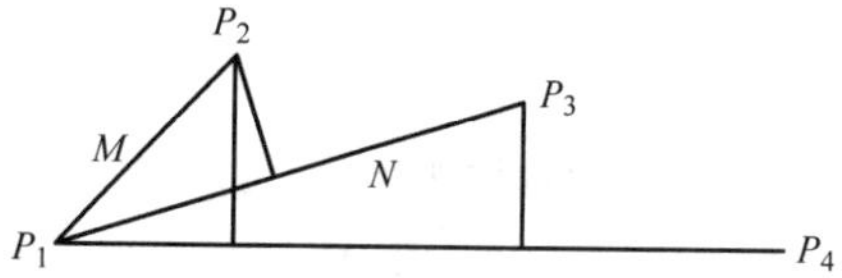

图 3-10　刀触点处理图

步骤一：保留起始测点 P_1。

步骤二：连接 P_1 点与其后相隔的 P_3 点。

步骤三：判断连线中间的 P_2 点误差球（以该点为球心，做出半径为给定允许弦高误差的误差球）与 P_1P_3 连线是否相交。

步骤四：若中间点 P_2 误差球与连线 P_1P_3 相交，说明中间点 P_2 在允许弦高误差范围内，则去除 P_2 点；P_1 再与下一点（P_4 点）连线，重复步骤三的过程。

步骤五：若连线 P_1P_4 与中间点 P_3 的误差球不相交，则该 P_3 点超差，予以保留，将 P_3 作为起始点，重复步骤二至步骤五过程，直到该曲线上最后一个点（保留最后一个点）。

步骤六：对应该曲线研磨工具加工方向上的刀触点轨迹由上述所有保留点

构成。

步骤七：提取每个刀触点处的局部几何信息，可转化得到相对应的刀位点轨迹。

图3-10说明了如何判断一个中间点的误差球是否与相应的连线相交，假设 P_1 点到 P_2 点的矢量用 $\boldsymbol{M}$ 表示，P_1 点到 P_3 点矢量用 $\boldsymbol{N}$ 表示，矢量 $\boldsymbol{M}$、$\boldsymbol{N}$ 的值为

$$\boldsymbol{M}=(a_1,b_1,c_1)，\boldsymbol{N}=(a_2,b_2,c_2)$$

判断连线 P_1P_3 是否与 P_2 点的误差球相交，就是比较误差球的球心（P_2 点）到相应连线的弦高 d 是否大于误差球的半径 r。若误差球与相应连线不相交，则 $d>r$；反之，误差球与相应连线相交，则 $d<r$；$d=r$ 时，可根据需要灵活处理。根据微分几何与线性代数的知识可知，中间点 P_2 到连线 P_1P_3 的距离 d 为

$$d=\frac{|\boldsymbol{M}\times\boldsymbol{N}|}{|\boldsymbol{N}|} \tag{3-14}$$

代入 $\boldsymbol{M}$ 和 $\boldsymbol{N}$ 的分量值，则 d 可表示为

$$d=\frac{\sqrt{(b_1\times c_2-b_2\times c_1)^2+(c_1\times a_2-c_2\times a_1)^2+(a_1\times b_2-a_2\times b_1)^2}}{\sqrt{a_2^2+b_2^2+c_2^2}} \tag{3-15}$$

2. 研磨行距的确定

如图3-11所示，应使相邻的两条加工路径所形成的残余高度 δ 控制在允许范围内，对磨削行间距规划分平面、凸曲面和凹曲面三种情况，设相邻的刀触点为 P_1、P_2，曲线 P_1P_2 之间的平均曲率半径为 ρ，可以看出行间距的大小 ΔL 与研磨工具头的半径 r、研磨加工允许的最大残余高度 δ、被加工曲面的几何特征有关。

$$平面：\Delta L=2\sqrt{2r\delta-\delta^2} \tag{3-16}$$

$$凸曲面：\Delta L=\frac{\rho\sqrt{(4r\rho+4r^2-2\delta\rho-\delta^2)(2\delta\rho+\delta^2)}}{(\rho+r)(\rho+\delta)} \tag{3-17}$$

$$凹平面：\Delta L=\frac{\rho\sqrt{(4r\rho-4r^2-2\delta\rho+\delta^2)(2\delta\rho-\delta^2)}}{(\rho-r)(\rho-\delta)} \tag{3-18}$$

式中 ΔL——行间距；

r——研磨工具头半径；

δ——残余高度；

ρ——相邻刀触点曲线 P_1P_2 之间的平均曲率半径。

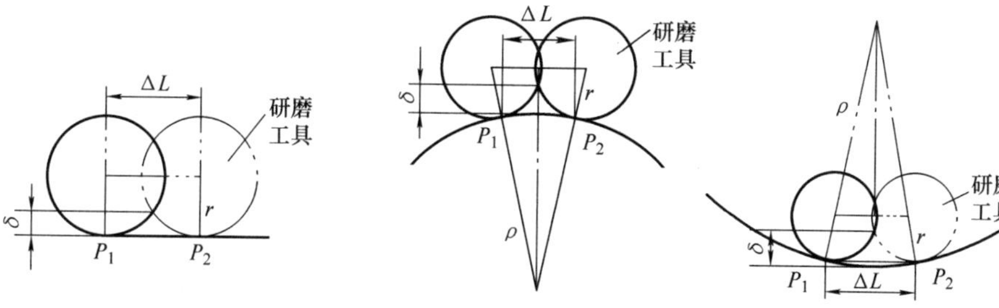

a) 平面研磨　　b) 凸面研磨　　c) 凹面研磨

图 3-11　研磨行间距示意图

3.3　5 – TTRRT 研磨机器人的位姿与运动规划

3.3.1　移动平台姿态控制策略

5 – TTRRT 机器人的移动平台以直角坐标方式运动时，运动到每一个加工区域后，在 X 向机构端部和 Y 向机构的端部四个电动推杆伸出不同的行程，电动推杆下部连接的吸盘吸附在被加工自由曲面的表面，由于曲面的表面轮廓导致四个电动推杆伸出的行程不同及存在偏差等原因，可能造成机器人移动平台倾斜，因此需要姿态校正过程。进行移动平台姿态调整的目的是使移动平台平行于水平面，本文采用倾斜计反馈校正的机器人平台姿态补偿策略。

机器人移动平台的姿态控制构成如图 3-12 所示，为方便起见，将移动平台的 x 轴正向、x 轴负向、y 轴正向、y 轴负向的四个电动推杆运动分量设为 S_{z1}、S_{z2}、S_{z3}、S_{z4}，可实现 x 向与 y 向反馈的双轴倾角传感器安装在机器人移动平台的最上部，其性能指标见表 3-2。

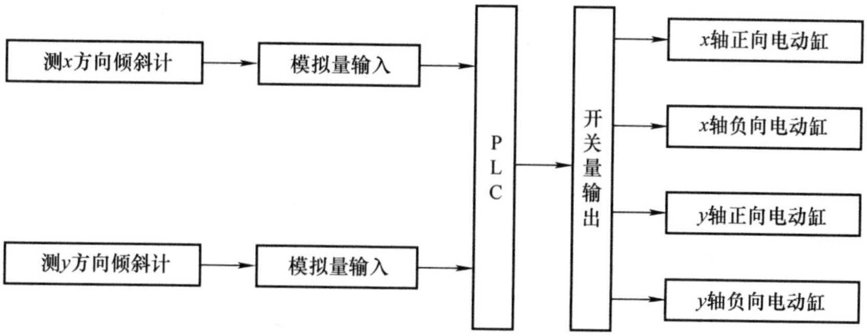

图 3-12　机器人移动平台的姿态控制构成

表 3-2 倾斜计的主要参数

测量范围	精度	再现性	交叉轴方向误差	温度范围	温度特性
±45°	0.01°	±0.05°	≤1%	-40°~60°	0.008%

安装在机器人本体上的姿态传感器（倾斜计），可以实时地测出机器人移动平台所在平面与水平面之间的夹角，通过该夹角，可以知道移动平台姿态变化的程度。当倾斜计输出的电压信号经 A/D 转换成数字量，送入控制计算机。通过给不同的电动推杆施加相应的开关量，即可实现对移动平台的姿态调节，该环节可通过控制系统软件实现：

$$IF\,|\varphi_f| \leqslant 6H \qquad \text{THEN} \qquad \varphi_f = 0$$
$$\text{ELSE} \quad \varphi_f = \varphi_f$$

要求 5-TTRRT 机器人的移动平台能够在自由曲面上保持水平的姿态，即 $\varphi_g=0$，于是

$$\Delta\varphi = \varphi_g - \varphi_f = -\varphi_f \tag{3-19}$$

式（3-19）中，φ_f——倾斜计读数，单位为（°）；φ_g——要求姿态角，单位为°；对 $\Delta\varphi$ 进行运算得到调整量，对应 S_{z1}、S_{z2}、S_{z3}、S_{z4}，可以得到各电动推杆的位移差值，然后输入电动推杆位置控制单元，就构成了移动平台姿态闭环控制系统。

3.3.2 研磨工具位姿在机器人运动空间中的表达

一般情况下，研磨工具与工件表面之间的关系，表示为空间线段与空间曲面之间的关系（参见图 3-13）[153]。

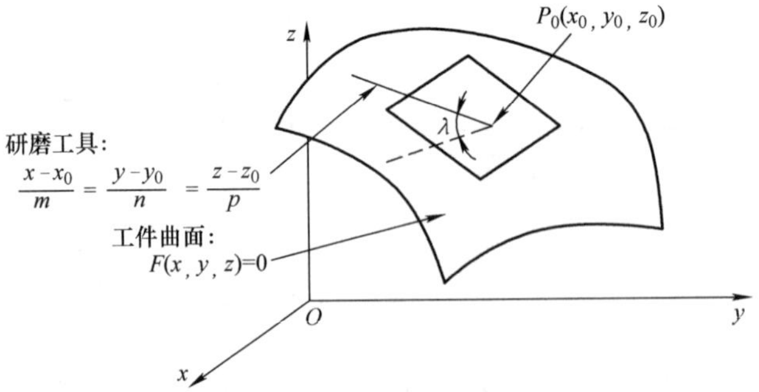

图 3-13 研磨工具与工件表面的空间位姿关系[153]

假设在工件坐标系中工件表面的方程为

$$F(x,y,z)=0 \tag{3-20}$$

研磨工具在工件坐标系中的方程为

$$\frac{x-x_0}{m}=\frac{y-y_0}{n}=\frac{z-z_0}{p} \tag{3-21}$$

式中，x_0、y_0、z_0 为研磨工具接触点 $P_0(x_0,y_0,z_0)$ 的坐标，而 $(m,n,p)^{\mathrm{T}}$ 为研磨工具的位姿矢量。则 P_0 点曲面的切面方程为

$$A(x-x_0)+B(y-y_0)+C(z-z_0)+D=0 \tag{3-22}$$

其中:

$$A=\frac{\partial F(x,y,z)}{\partial x}\Big|_{p=p_0};B=\frac{\partial F(x,y,z)}{\partial y}\Big|_{p=p_0};C=\frac{\partial F(x,y,z)}{\partial z}\Big|_{p=p_0};$$

$$D=-A\cdot g\cdot x_0-B\cdot g\cdot y_0-C\cdot g\cdot z_0$$

设研磨工具与自由曲面外表面上某点切面的夹角为 λ，则 $\lambda=\frac{\pi}{2}-\beta$（$\beta$ 为研磨姿态角见图 3-14），得到

$$\sin\lambda=\frac{|A\cdot g\cdot m+B\cdot g\cdot n+C\cdot g\cdot p|}{\sqrt{A^2+B^2+C^2}\cdot g\cdot\sqrt{m^2+n^2+p^2}} \tag{3-23}$$

对于给定的待加工自由曲面 $F(x,y,z)=0$，由第 2 章得到曲面模型的几何信息，可以计算得出式（3-23）中所需的 A、B、C，所以研磨工具与工件曲面在工件坐标空间的位姿矢量 $(m,n,p)^{\mathrm{T}}$ 可以由研磨工具的姿态角 β 确定。在自由曲面的研磨加工过程中，姿态角 β 保持恒定，才能保持研磨压力恒定，因为自由曲面上的型值点切平面与其曲率半径相互关联，所以自由曲面自动研磨时，其研磨工具位姿会随着曲面上型值点的曲率半径变化而实时变化。

建立如图 3-14 所示的工具头刀触点与刀位点关系图，对于自由曲面研磨刀位点（L 点）的轨迹，可由刀触点（C 点）轨迹数据通过研磨工具头主轴与刀触点公法线的研磨姿态角 β 计算得到。

C 点为工件坐标系中的点，L 点为机器人坐标系中的点，建立工件空间坐标到机器人坐标的转换，L 点 $P_l(x_l,y_l,z_l)$ 是由 C 点 $P_c(x_c,y_c,z_c)$ 绕 x 轴旋转研磨姿态角 β 得到。

$$\begin{pmatrix}x_l\\y_l\\z_l\\1\end{pmatrix}=\begin{pmatrix}1&0&0&0\\0&\cos\beta&-\sin\beta&0\\0&\sin\beta&\cos\beta&0\\0&0&0&1\end{pmatrix}\times\begin{pmatrix}x_c\\y_c\\z_c\\1\end{pmatrix} \tag{3-24}$$

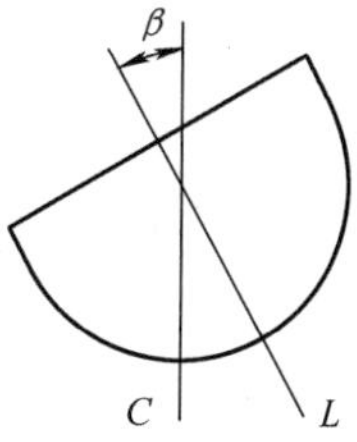

图 3-14　刀位点与刀触点关系图

化简可得

$$\left.\begin{aligned}x_l &= x_c\\ y_l &= y_c\cos\beta - z_c\sin\beta\\ z_l &= y_c\sin\beta + z_c\cos\beta\end{aligned}\right\}\tag{3-25}$$

由此可解决工件坐标系到机器人坐标系的转换。

3.3.3 自由曲面研磨精加工的行切法轨迹规划

以对工件实体在 x 方向上进行行切分层剖切为例，如图 3-15a，可得分层剖面与工件外表面相交的空间曲线。在工件坐标系 $Ox_1y_1z_1$ 中，用一个与 $y_1O_1z_1$ 平面平行的平面 $ABCD$ 与工件相交截得的相交面，如图中点画线内的部分，该相交区域的外围边界曲线既是需要得到的行切法的空间轨迹。行切法都是在平行于 $y_1O_1z_1$ 的不同平面内进行轨迹规划，研磨工具所走过的轨迹都在这些平行的平面内，在每个平面内需要保证研磨工具运动时位姿角 β 位姿正确，研磨工具的位姿如图 3-15b，从图中可看出，研磨工具头沿着行切轨迹工作时，由于空间轨迹的曲率变化，为了保持要求的位姿角 β，工具头的刀触点应能随着曲率变化而调整，每相邻两个平面的距离就是每次研磨行距。

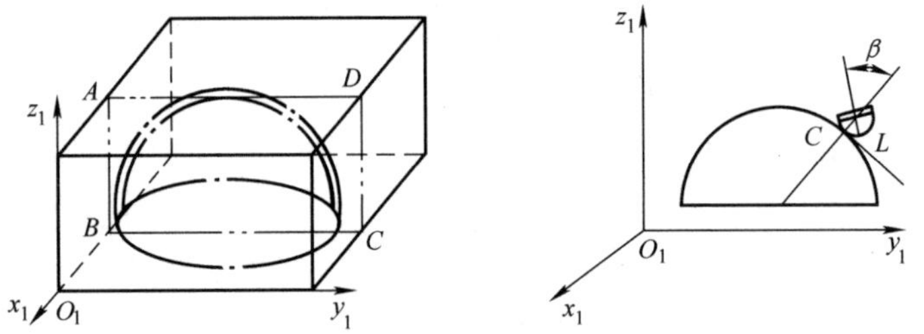

a) 工件横截面位置及方向 b) 研磨工具横截面位置及方向

图 3-15 自由曲面研磨精加工的行切法轨迹规划原理

由图 3-15b 所示，在每个平行于 $y_1O_1z_1$ 平面的平面 $ABCD$ 内，研磨工具沿着行切法的轨迹工作时，研磨工具头轮廓在每一个刀触点位置与相交截面的工件表面曲线相外切。不论研磨工具处于被加工曲面的何种方位，其在运动中应该始终与平面 $y_1O_1z_1$ 平行。

3.3.4　自由曲面研磨精加工的环切法轨迹规划

采用图 3-16b 所示的环切法原理，在图中 z 方向上，通过一系列与 $x_1O_1y_1$ 平面平行的平面对工件实体进行分层，即可得工件轮廓表面与分层面相交的空间曲线。该空间曲线是研磨工具加工的期望轨迹，如图 3-16a 所示，在工件坐标系 $O_1x_1y_1z_1$ 中，图中阴影部分所示的相交面是被某一与 $x_1O_1y_1$ 平面平行的平面 $ABCD$ 与工件相交所截到的，相交区域的工件外围边界曲线，既是环切法需要的空间轨迹。与行切法加工相同，在进行环切法轨迹规划时，既要规划出研磨工具头所走过的轨迹，同时还需要保证工具头运动位姿角 β 正确，工具的位姿如图 3-16b，研磨工具头的刀触点分布在一系列等高线上，若同一等高线上各点的曲率相同，则工具头的位姿角 β 可保持不变。否则，为了保持要求的工具头位姿角 β，研磨工具头的刀触点应随着同一等高线上各点的曲率变化而调整，相邻两层等高线的距离就是每次研磨抬刀或进刀的距离。

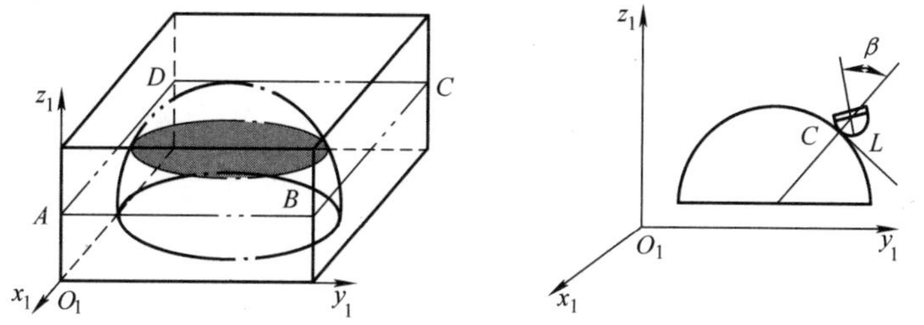

a) 工件横截面位置及方向　　b) 研磨工具横截面位置及方向

图 3-16　自由曲面研磨加工环切法轨迹规划原理图

3.3.5　行切法轨迹规划与环切法轨迹规划的比较

应用本文的 5 – TTRRT 机器人进行自由曲面的研磨精整加工时，首先，通过移动平台的运动，使机器人到达一个指定的加工区域，然后通过机械臂带动研磨工具完成该区域的加工。由于研磨工具位姿的实时变化，应用上述的两种轨迹规划方法对空间曲面加工时，行切法可采用往复走刀的方式实现对待加工区域的加工，在不同的剖面内，根据研磨工具的路径规划，研磨工具的运动由一个直线运动、一个转动和一个摆动的三维空间动作组合完成，在每次的二维平面中，走刀轨迹由一个直线运动和一个转动的组合完成，摆动机构实现的是保证切削行距的情况下，完成下一次走刀；环切法采用的分层加工（既等高加工）的方式，在不同的等高面内，根据研磨工具的路径规划，研磨工具的运动由一个直线运动、一个转动和一个摆动的三维空间动作组合来实现，在每一等高面内，走刀轨迹由一个直线运动、一个转动与一个摆动的三维动作组合完成，z 方向保证的是在相邻两层间抬刀或降刀，对于本文的 5 - TTRRT 机器人来说，对于每一次的走刀过程，行切法路径规划所要求的运动关节组合少于环切法的组合要求。因此，行切法具有便于控制、干涉少和效率高的特点。对自由曲面研磨精整加工，应用 5 - TTRRT 机器人的行切法路径规划整体效果要优于环切法路径规划，本文主要针对行切法的加工方式进行相关的研究。

第 4 章　机器人研磨自由曲面的轨迹跟踪控制策略

早期大多数工业机器人在控制算法上，都采用简单的 PD（或 PID）控制算法。在不需要了解机器人动力学模型的前提下，针对速度与精度要求不高的场合，不基于模型的控制方法，即 PD（或 PID）控制算法具有良好鲁棒性。然而对于快速、高精度轨迹跟踪控制的情况，增大控制增益的办法无法使 PD（或 PID）控制非线性系统全局收敛。为获得更好的动态跟踪性能，需要建立基于模型的控制器。机器人复杂的、强耦合的非线性动力学模型，在高品质的机器人跟踪控制时应该全面予以考虑。为了实现闭环误差系统的稳定和抑制干扰，即从轨迹跟踪误差尽快趋于零与尽可能地减小干扰信号对跟踪精度的影响两个方面进行处理。基于机器人模型的轨迹跟踪控制方法主要有前馈控制方法、计算力矩控制方法、自适应控制方法、变结构控制方法等。由于在实际系统中，很难得到机器人动态的精确数学模型，各种基于标称系统和不确定性的描述参数的数学模型来设计控制器的方法，被越来越多的学者研究。本章利用了上一章的动力学模型，在考虑机器人系统的不确定性前提下，建立相应的完整动力学模型，为实现本文 5 - TTRRT 研磨机器人的轨迹跟踪控制，通过引入前馈项与滑模变结构补偿，基于计算力矩法进行了 PD + 前馈补偿滑模变结构控制器设计。

4.1　滑模变结构基本理论

4.1.1　滑模变结构控制的基本原理

滑模变结构控制的基本原理[154]，当系统状态点穿越状态空间的不同区域，达到不连续曲面（滑动超平面）时，控制系统结构随时间变化的开关特性使反馈控制的结构按照一定逻辑切换变化，从而使得系统的状态轨线能够到达期望的滑动超平面，并且沿着这个超平面收敛到原点，这个超平面就是滑模面。系统的动态特性完全由所设计的滑动模态决定，设计适当滑模参数和控制律，系统的状态轨线就能达到期望的平衡点。

一般形式的系统模型

$$\dot{x}=f(x,u,t) \tag{4-1}$$

式（4-1）中，状态变量：$x\in R^n$，$t\in R$；控制输入：$u\in R^m$。

定义切换函数 $s(x)$

$$s(x)=c_1x_1+c_2x_2+\cdots+c_{n-1}x_{n-1}+x_n \tag{4-2}$$

这里 c_1、c_2、…、c_{n-1} 是确定的系数，在 n 维向量空间里，式（4-2）确定了一个 $s(x)=0$ 的超平面。

对系统表达式（4-1）的滑模变结构控制的问题是求解系统的非连续控制函数

$$u(x)=\begin{cases}u^+(x) & (s(x)>0)\\ u^-(x) & (s(x)<0)\end{cases} \tag{4-3}$$

选择 $u^+(x)$ 和 $u^-(x)$ 使得

$$\begin{cases}\lim\limits_{s(x)\to 0^+}\dot{s}(x)<0\\ \lim\limits_{s(x)\to 0^-}\dot{s}(x)>0\end{cases} \quad 或 S\dot{S}<0 \tag{4-4}$$

当系统处在趋近运动阶段时，要求系统运动必须趋向于滑模面函数 $s(x)=0$，系统状态必然使滑模面函数满足 $\lim\limits_{s(x)\to 0}\dot{s}(x)=0$。式（4-4）称为滑模面函数 $s(x)$ 的可达性条件；当 $s(x)=0$ 时，系统状态到达滑动超平面，系统沿着此超平面的运动被称为“滑动模态”或简称“滑模”；不连续控制函数式(4-3)就是“滑模变结构控制”函数。

依据上述定义，系统状态在到达滑模面后，即滑动模态下有

$$c_1x_1+c_2x_2+\cdots+c_{n-1}x_{n-1}+x_n=0 \tag{4-5}$$

式（4-5）为系统状态的线性约束。

4.1.2 滑模变结构控制的特点

在滑模变结构控制过程中，系统的结构根据系统当时的偏差及其各阶导数值，按设定规律以上下运动的方式做相应的改变，滑模变结构控制是处理非线性控制系统的鲁棒控制方法。变结构控制的基本思想是首先把系统的状态在有限时间内驱使到滑模面，然后沿此滑模面滑动到原点，这种具有滑动模运动的控制也称为滑模控制（Sliding - mode Control，SMC）。其特点可归纳为[154-156]：

1）该控制方法具有不变性，使系统的运动与系统的建模误差和外界干扰完全无关。根据变化范围，可实现系统的精确控制。

2）系统在滑动过程中，系统的运动仅与滑模面的参数有关，具有很强的鲁棒性。

3）系统具有控制算法简单、易于实现的特点，适合于机器人控制。

4）系统不连续的开关特性引起抖振（或称为抖动、颤振等）的缺点，影响了其在实际系统中的广泛应用。

4.2　PD + 前馈型滑模变结构补偿控制

4.2.1　问题描述

在实际机器人系统中，由于存在着建立被控对象数学模型局限性问题以及实际过程自身参数摄动现象，因此，机器人系统中不可避免地存在着各种形式的不确定性[110]。

1）参数不确定性：一般不改变系统的结构及阶次，如负载、连杆质量及连杆几何参数。

2）非参数不确定性：低频未建模动力学特性，包括各关节的摩擦、关节柔性等。建模时忽略的高频特性，包括驱动器动力学特性、结构共振模式等；作业环境干扰、驱动器饱和问题，测量误差、舍入误差及采样延迟等。

因此，很难得到式（3-3）表示的精确动力学模型。控制系统无法通过常规的线性控制方法得到理想的效果，对机器人系统的分析和研究，必须按照非线性系统理论处理。为提高机器人的工作性能与实现系统的鲁棒性，上述不确定性的影响因素，在设计实际机器人动态控制系统时，必须加以考虑。结合上一章的动力学模型，在充分考虑这些不确定性因素和机器人的受限运动情况下，对于本文的机器人系统可得到如下完整动力学模型

$$\boldsymbol{M}(q)\ddot{q}+\boldsymbol{C}(q,\dot{q})\dot{q}+\boldsymbol{G}(q)+f(q,\dot{q},\ddot{q},t)=\boldsymbol{\tau} \tag{4-6}$$

式（4-6）中，考虑了机器人的不确定因素后，$\boldsymbol{M}(q)\ddot{q}$、$\boldsymbol{C}(q,\dot{q})\dot{q}$、$\boldsymbol{G}(q)$ 在物理意义上与式（3-3）是一样的，但是此时的 $\boldsymbol{M}(q)\ddot{q}$、$\boldsymbol{C}(q,\dot{q})\dot{q}$、$\boldsymbol{G}(q)$ 是时变量；$f(q,\dot{q},\ddot{q},t)$ 表示外界扰动量（包含非参数不确定性、模型不确定性），$\boldsymbol{\tau}$ 为作用在关节上的 5×1 维力/转矩矢量。

本文中将式（3-3）称为机器人的标称系统模型，式（4-6）称为机器人的实际系统模型。

关节速度和笛卡儿空间速度的关系可以表示为

$$\dot{\boldsymbol{X}}=\boldsymbol{J}_q(q)\dot{q} \tag{4-7}$$

根据表示操作器末端点实际位移和关节实际位移关系的雅克比矩阵 $\boldsymbol{J}_q(q)$，笛卡儿加速度项可写为

$$\ddot{\boldsymbol{X}}=\boldsymbol{J}_q(q)\ddot{q}+\dot{\boldsymbol{J}}_q(q)\dot{q} \tag{4-8}$$

关节空间机器人的运动方程在笛卡儿空间坐标系中表示为

$$\dot{q}=(\boldsymbol{J}_q^{\mathrm{T}}\boldsymbol{J}_q)^{-1}\boldsymbol{J}_q\dot{\boldsymbol{X}} \tag{4-9}$$

$$\ddot{q}=(\boldsymbol{J}_q)^{-1}(\ddot{\boldsymbol{X}}-\dot{\boldsymbol{J}}_q\dot{q}) \tag{4-10}$$

在雅克比矩阵 $\boldsymbol{J}_q(q)$ 的非奇异的位置，根据关节空间与操作空间的速度、加速度关系，由式（4-6）、式（4-9）及式（4-10）得到运动受限机械手在笛卡儿空间的动力学方程为

$$\boldsymbol{M}^*\ddot{\boldsymbol{X}}+\boldsymbol{C}^*\dot{\boldsymbol{X}}+\boldsymbol{G}^*=\boldsymbol{F}-\boldsymbol{F}_e \tag{4-11}$$

式中 $\boldsymbol{M}^*$——惯性矩阵，$M^*=\boldsymbol{J}_q^{\mathrm{T}}\boldsymbol{M}J_q^{-1}$；

$\boldsymbol{C}^*=(\boldsymbol{J}_q^{\mathrm{T}})^{-1}\boldsymbol{C}\boldsymbol{J}_q^{-1}-(\boldsymbol{J}_q^{\mathrm{T}})^{-1}\boldsymbol{M}\boldsymbol{J}_q\boldsymbol{J}_q^{-1}$——离心力/哥式力矩阵；

$\boldsymbol{G}^*=(\boldsymbol{J}_q^{\mathrm{T}})^{-1}\boldsymbol{G}$——重力；

$F_e=(\boldsymbol{J}_q^{\mathrm{T}})^{-1}\boldsymbol{\tau}_e$——外界对机器人的作用力向量。

本文中采用基于计算力矩的方法进行位置控制，其规则为

$$\boldsymbol{F}=\boldsymbol{M}^*\boldsymbol{U}+\boldsymbol{C}^*\boldsymbol{X}+\boldsymbol{G}^*+\boldsymbol{F}_e \tag{4-12}$$

$$\boldsymbol{U}=\ddot{\boldsymbol{X}}_m+\boldsymbol{K}_D(\dot{\boldsymbol{X}}-\boldsymbol{X})+\boldsymbol{K}_p(\boldsymbol{K}_m-\mathbf{X}) \tag{4-13}$$

本文仿真所应用的主要机器人运动学、动力学计算公式代码和参数见第3章与附录。

4.2.2 PD+前馈补偿滑模控制器设计

基于系统在操作点线性化并设计相应的线性控制器是一种常用的求解非线性控制的方法，控制器可以保证系统是局部稳定的，并决定了整个系统的稳定性。如在设计中引入速度滤波函数，选用合适的李亚普诺夫函数可以证明线性控制器是全局稳定的[110]。

机器人的比例加微分（PD）控制规则就是基于这样的设计思想，最简单的PD控制规则具有如下形式：

$$\tau=-\boldsymbol{K}_v\dot{e}-\boldsymbol{K}_p e \tag{4-14}$$

式中，$\boldsymbol{K}_v$ 和 $\boldsymbol{K}_p$ 为正定矩阵，$e=q-q_d$。参考文献［150］中分析了基于PD的3种常用机器人轨迹跟踪算法的控制性能，鉴于上述的控制规则不能获得准确无误差的轨迹跟踪，可通过在控制结构中加入前馈项的方法，消除静态误差并提高轨迹跟踪精度。

本文采用的PD+前馈滑模变结构控制框图如图4-1所示[158]。

对应图4-1的总控制律为

$$\boldsymbol{\tau}=\boldsymbol{\tau}_{\mathrm{feedforward}}-\boldsymbol{K}_p e-\boldsymbol{K}_v\dot{e}+\boldsymbol{\tau}_s \tag{4-15}$$

式中的前馈项为

$$\boldsymbol{\tau}_{\mathrm{feedforward}}=\boldsymbol{M}(q_d)\ddot{q}_d+\boldsymbol{C}(q_d,\dot{q}_d)\dot{q}_d+\boldsymbol{G}(q_d) \tag{4-16}$$

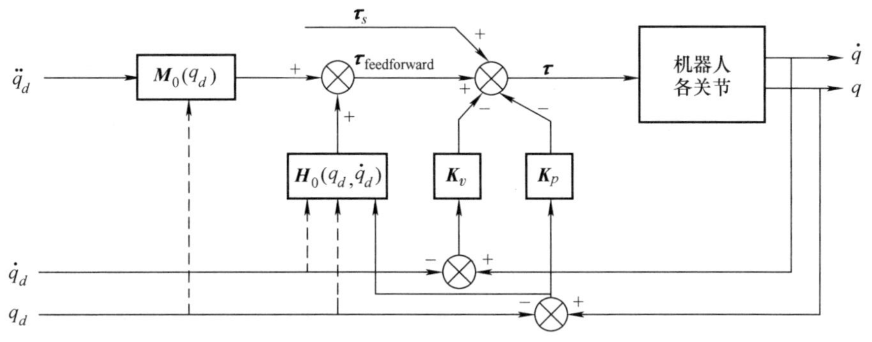

图 4-1　PD + 前馈滑模变结构控制框图

从而控制律为

$$\boldsymbol{\tau} = \boldsymbol{M}_0(q_d)\ddot{q}_d + \boldsymbol{C}_0(q_d,\dot{q}_d)\ddot{q}_d + \boldsymbol{G}_0(q_d) - \boldsymbol{K}_p e - \boldsymbol{K}_v \dot{e} + \boldsymbol{\tau}_s \tag{4-17}$$

对于本文的 5 自由度机器人，动力学方程式（4-6）可表示为

$$\boldsymbol{M}(q)\ddot{q} + \boldsymbol{H}(q,\dot{q}) = \boldsymbol{\tau} \tag{4-18}$$

$$\boldsymbol{H}(q,\dot{q}) = \boldsymbol{C}(q,\dot{q})\dot{q} + \boldsymbol{G}(q) + \boldsymbol{F}(\dot{q}) + d(q,\dot{q},t) \tag{4-19}$$

式中，$\boldsymbol{F}(\dot{q})$表示摩擦力，$d(q,\ \dot{q},\ t)$ 表示外界干扰，其他具体参数意义描述见前述。定义 $e = q - q_d$，并将控制律式（4-15）代入式（4-18）与式（4-19）中，可得到闭环的动力学方程

$$\boldsymbol{M}(q)\ddot{e} + \boldsymbol{C}(q,\dot{q})\dot{e} = \boldsymbol{\Delta} - \boldsymbol{K}_p e - \boldsymbol{K}_v e + \boldsymbol{\tau}_s \tag{4-20}$$

$$\boldsymbol{\Delta} = \boldsymbol{\tau}_{\text{feedforward}} - [\boldsymbol{M}(q_d)\ddot{q}_d + \boldsymbol{C}(q_d,\dot{q}_d)\ddot{q}_d + \boldsymbol{G}(q_d) + \boldsymbol{F}(\dot{q}) + d(q,\dot{q},t)] \tag{4-21}$$

式（4-20）和式（4-21）中 $\boldsymbol{\Delta}$ 为各类不确定性的集合，如果摩擦力 $\boldsymbol{F}(\dot{q})$ 及外界干扰 $d(q,\ \dot{q},\ t)$ 的影响被忽略，且系统的参数误差不存在，只需要将前馈项取为

$$\boldsymbol{\tau}_{\text{feedforward}} = \boldsymbol{M}(q_d)\ddot{q}_d + \boldsymbol{C}(q_d,\dot{q}_d)\dot{q}_d + \boldsymbol{G}(q_d) \tag{4-22}$$

此时，不确定项 $\boldsymbol{\Delta} = 0$，但是不存在这样的理想情况，需要设计 $\boldsymbol{\tau}_s$ 以补偿不确定项 $\boldsymbol{\Delta}$。

采用前馈控制律式（4-17），则不确定项 $\boldsymbol{\Delta}$ 为

$$\begin{aligned}\boldsymbol{\Delta} &= \boldsymbol{\tau}_{\text{feedforward}} - [\boldsymbol{M}(q_d)\ddot{q}_d + \boldsymbol{C}(q_d,\dot{q}_d)\dot{q}_d + \boldsymbol{G}(q_d) + \boldsymbol{F}(\dot{q}) + d(q,\dot{q},t)] \\ &= [\boldsymbol{M}_0(q_d) - \boldsymbol{M}(q)]\ddot{q}_d + [\boldsymbol{C}_0(q_d,\dot{q}_d)\dot{q}_d - \boldsymbol{C}(q,\dot{q})\dot{q}] + \\ &\quad [\boldsymbol{G}_0(q_d) - \boldsymbol{G}(q)] - \boldsymbol{F}(\dot{q}) - d(q,\dot{q},t)\end{aligned} \tag{4-23}$$

本文不加证明，基于如下假设，应用控制理论进行研究。

1）期望轨迹 q_d 满足

$\sup\|q_d\| \leqslant c_0$，$\sup\|\dot{q}_d\| \leqslant c_1$，$\sup\|\ddot{q}_d\| \leqslant c_2$；其中 c_0、c_1、$c_2 > 0$

2）惯性矩阵有：$\|\boldsymbol{M}(q)\| \leqslant k_m$，$\|\boldsymbol{M}_0(q)\| \leqslant k_{m0}$，其中 k_m、k_{m0}为正常数。

3）$\|\boldsymbol{C}(q,\dot{q})\| \leqslant k_c\|\dot{q}\|$，$\|\boldsymbol{C}_0(q_d,\dot{q}_d)\| \leqslant k_{c0}\|\dot{q}_d\| \leqslant k_{c0}c_1$，其中 k_c、k_{c0}为正常数。

4）对重力项有：$\|\boldsymbol{G}(q)\| \leqslant k_g$，$\|\boldsymbol{G}_0(q_d)\| \leqslant k_{g0}$，其中 k_g、k_{g0}为正常数。

5）对摩擦力项有：$\|\boldsymbol{F}(\dot{q})\| \leqslant a+b\|\dot{q}\|$，其中 a、b 为正常数。

6）对干扰项有：$\|d(q,\dot{q},t)\| \leqslant d_0+d_1\|q\|+d_2\|\dot{q}\|$，其中 d_0、d_1、d_2 为正常数。

滑模函数定义为

$$s=\dot{e}+\boldsymbol{\Lambda}e \tag{4-24}$$

其中，$\boldsymbol{\Lambda}$ 是正定对角矩阵，$\boldsymbol{\Lambda}=\lambda\boldsymbol{I}$，$\lambda>0$。

结合补偿控制器设计思想，利用约束函数 η，设计一个具有时变边界层的滑模补偿控制律如下：

$$\boldsymbol{\tau}_s=\begin{cases}-\eta(x,t)\cdot \operatorname{sgn}(s) & (\|s\| \geqslant \boldsymbol{\varepsilon}(t))\\ -\dfrac{\eta(x,t)}{\boldsymbol{\varepsilon}(t)} & (\|s\| \leqslant \boldsymbol{\varepsilon}(t))\end{cases} \tag{4-25}$$

式中滑动变量 $s=\dot{e}+\boldsymbol{\Lambda}e$，$\boldsymbol{\Lambda}>0$，$\boldsymbol{\varepsilon}(t)>0$ 是待定的边界层厚度函数。可适当地选取 $\boldsymbol{\varepsilon}(t)$，对控制精度加以保证，从而使控制力矩光滑。

定理 4-1 对机器人动力学方程式（4-18）和式（4-19），采用式（4-17）的控制结构，则滑模补偿控制律式（4-25）使得闭环的动力学方程式（4-21）达到最终一致有界稳定[158]。

证明：取 Lyapunov 函数为

$$\boldsymbol{V}=0.5[e^{\mathrm{T}}(\boldsymbol{K}_v+\boldsymbol{\Lambda}\boldsymbol{K}_p)e+\dot{e}^{\mathrm{T}}\boldsymbol{M}\dot{e}]+\dot{e}^{\mathrm{T}}\boldsymbol{\Lambda}\boldsymbol{M}e=0.5x^{\mathrm{T}}\boldsymbol{P}x \tag{4-26}$$

式中，$x=\begin{pmatrix}e\\ \dot{e}\end{pmatrix}$，$e=q-q_d$，$\boldsymbol{P}=\begin{pmatrix}\boldsymbol{K}_p+\boldsymbol{\Lambda}\boldsymbol{K}_v & \boldsymbol{\Lambda}\boldsymbol{M}\\ \boldsymbol{\Lambda}\boldsymbol{M} & \boldsymbol{M}\end{pmatrix}$，$\boldsymbol{\Lambda}=\lambda\boldsymbol{I}>0$。

只要适当选择较小的常数 λ，根据矩阵理论可知，就可以保证矩阵 $\boldsymbol{P}$ 正定。

对式（4-26）求导，并代入闭环的动力学方程式（4-21），可得

$$\dot{V}=-x^{\mathrm{T}}\begin{pmatrix}\boldsymbol{\Lambda}\boldsymbol{K}_p & 0.5\boldsymbol{\Lambda}(\boldsymbol{C}-\dot{\boldsymbol{M}})\\ 0.5\boldsymbol{\Lambda}(\boldsymbol{C}^{\mathrm{T}}-\dot{\boldsymbol{M}}) & \boldsymbol{K}_v-\boldsymbol{\Lambda}\boldsymbol{M}\end{pmatrix}x+s^{\mathrm{T}}\boldsymbol{\Delta}+s^{\mathrm{T}}\boldsymbol{\tau}_S=$$

$$-x^{\mathrm{T}}\boldsymbol{Q}x+s^{\mathrm{T}}\boldsymbol{\Delta}+s^{\mathrm{T}}\boldsymbol{\tau}_S \tag{4-27}$$

式中，$\boldsymbol{Q}=\begin{pmatrix}\boldsymbol{\Lambda}\boldsymbol{K}_p & 0.5\boldsymbol{\Lambda}(\boldsymbol{C}-\dot{\boldsymbol{M}})\\ 0.5\boldsymbol{\Lambda}(\boldsymbol{C}^{\mathrm{T}}-\dot{\boldsymbol{M}}) & \boldsymbol{K}_v-\boldsymbol{\Lambda}\boldsymbol{M}\end{pmatrix}$。要使 $\boldsymbol{Q}>0$ 必须有

$$\boldsymbol{K}_v - \boldsymbol{\Lambda M} > 0$$

$$\boldsymbol{\Lambda K}(\boldsymbol{K}_v - \boldsymbol{\Lambda M}) - 0.25\boldsymbol{\Lambda}^2(\boldsymbol{C}^{\mathrm{T}} - \dot{\boldsymbol{M}})(\boldsymbol{C} - \dot{\boldsymbol{M}}) > 0$$

只要选择足够大的 $\boldsymbol{K}_p$ 和 $\boldsymbol{K}_v$，以及充分小的 $\boldsymbol{\Lambda}$，上述不等式就可以保证成立，从而有 $\boldsymbol{Q} > 0$。再将滑模补偿控制律式（4-25）代入式（4-27）得

$$\begin{cases} \dot{\boldsymbol{V}} \leqslant -x^{\mathrm{T}}\boldsymbol{Q}x + \|s\|\eta - \|s\|\eta = -x^{\mathrm{T}}\boldsymbol{Q}x < 0 & (\|s\| \geqslant \varepsilon(t)) \\ \dot{\boldsymbol{V}} \leqslant -x^{\mathrm{T}}\boldsymbol{Q}x + \|s\|\eta(x,t)\cdot\left(1 - \dfrac{\|s\|}{\varepsilon(t)}\right) & (\|s\| < \varepsilon(t)) \end{cases} \tag{4-28}$$

当 $\|s\| < \varepsilon(t)$时，式（4-28）第二项有

$$\boldsymbol{V} \leqslant -x^{\mathrm{T}}\boldsymbol{Q}x + \varepsilon(t)\frac{\eta(x,t)}{4} \quad (\|s\| < \varepsilon(t))$$

欲使 $\dot{V} < 0$，须有

$$x^{\mathrm{T}}\boldsymbol{Q}x > \varepsilon(t)\frac{\eta(x,t)}{4} \tag{4-29}$$

根据关系式

$$\lambda_{\min}(\boldsymbol{Q})\|x\|^2 \leqslant x^{\mathrm{T}}\boldsymbol{Q}x \leqslant \lambda_{\max}(\boldsymbol{Q})\|x\|^2 \tag{4-30}$$

式中，$\lambda_{\min}$表示最小特征值，$\lambda_{\max}$表示最大特征值。

当 $\lambda_{\min}(\boldsymbol{Q})\|x\|^2 > \varepsilon(t)\dfrac{\eta(x,t)}{4}$时，$\dot{\boldsymbol{V}} < 0$。上式等价于

$$\|x\| > \left(\frac{\varepsilon(t)\eta(x,t)}{4\lambda_{\min}(\boldsymbol{Q})}\right)^{1/2} \Leftrightarrow r(t) \tag{4-31}$$

取 $B(r)$为中心在 $x=0$，半径为 $r(t)$的闭球，在闭球 $B(r)$外面，有 $\dot{\boldsymbol{V}} < 0$，所以只要 $x(t) \notin B(r)$，有 $\dot{\boldsymbol{V}} < 0$，在有限的时间 T 内，$x(t)$达到闭球的边界。取 $t' = t_0 + T$（t_0 为任意初始时刻）为系统状态达到闭球边界的时间，则当 $t \geqslant t'$时，$x(t) \in B(r)$。根据最终一致有界的定义，可得采用滑模补偿控制律式（4-25）时，闭环系统为最终一致有界。

4.3　仿真研究

针对式（3-7）研磨工具头的期望轨迹

$$\begin{cases} x = -r\sin\omega t \\ y = 0 \\ z = -r(1 - \cos\omega t) \end{cases}$$

注：$r = 60\mathrm{mm}$，研磨工具头匀速运动，仿真时间设为 20s，角速度 $\omega = 1°/\mathrm{s}$。

设控制参数为：$k_p = 3000$，$k_v = 230$。仿真结果如图 4-2、图 4-3。

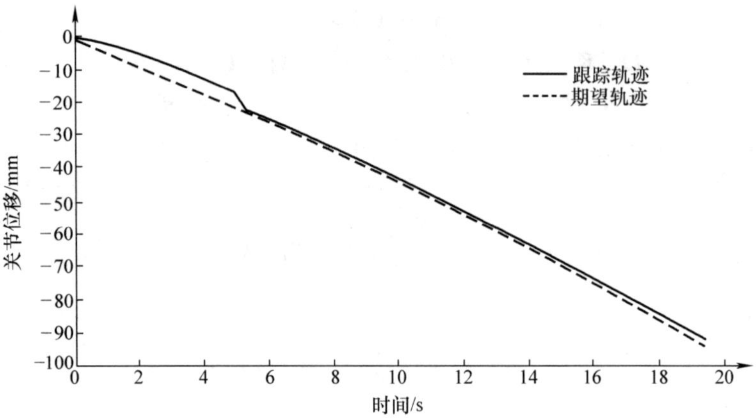

a) 第1关节期望轨迹与跟踪轨迹

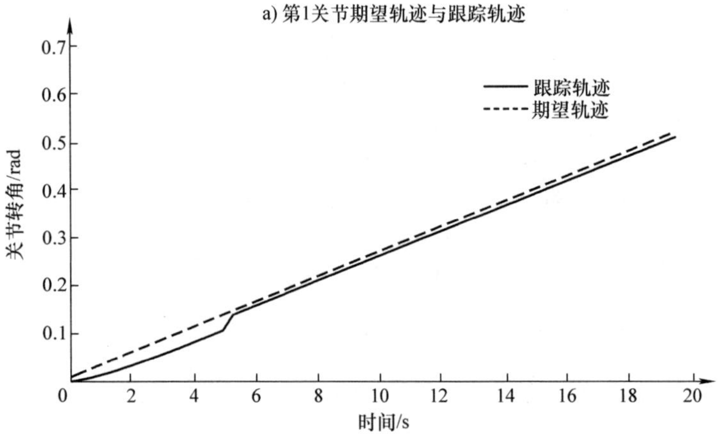

b) 第3关节期望轨迹与跟踪轨迹

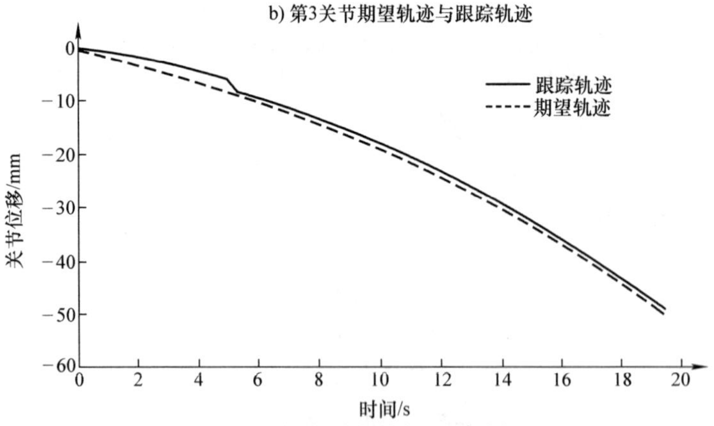

c) 第5关节期望轨迹与跟踪轨迹

图4-2　各关节期望轨迹与跟踪轨迹

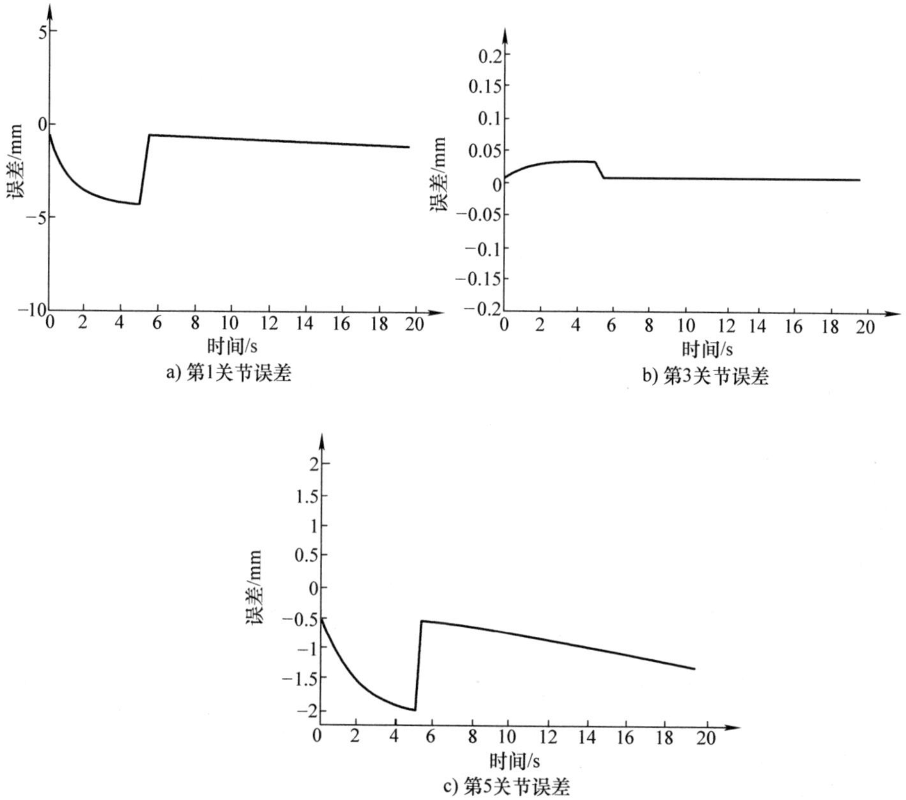

a) 第1关节误差　b) 第3关节误差　c) 第5关节误差

图 4-3　各关节误差

第 5 章　自主作业研磨机器人的柔顺控制

在自由曲面的研磨精整加工过程中，既要求研磨工具按着期望的路径规划完成进给运动，同时还需要保持研磨工具头与加工区域之间恒定的作用力。因此，需要分析机器人研磨过程的力控制情况，本文的机器人柔顺控制是位姿受限的力/位混合控制问题。在前述运动规划与轨迹控制问题的基础上，本章主要论述研磨过程中力的控制问题。根据前面的叙述可知，力的控制方法分为两种。第一种方法是混合力/位控制，依据接触运动时位置与力信号的正交原理，实现机器人末端的接触力和位置的跟踪控制，即力控制是沿着受约束方向（自然约束和任务约束）进行，位置控制沿着非约束方向进行。为了克服干扰，位置控制要求相对高的伺服刚性，而力控制则要求较低的刚性，以保证与环境接触时的柔顺性。第二种方法是阻抗控制，通过建立机器人末端作用力与位置偏差之间的动态关系，对研磨工具末端作用力的控制是通过控制机器人位移来实现的，可以在不改变机器人位置控制器的前提下实现力控制。混合力/位控制方法理论明确，但付诸实施难；阻抗控制具有自由运动和约束运动之间的转换适应性强的特点，具有良好的通用性和应用前景。

本文图 2-1 的自由曲面研磨精加工系统中，5－TTRRT 机器人具有较小刚度的研磨工具，以及该工具头通过被动结构的弹簧与机器人本体相固联的结构特点，机器人系统的被动结构存在于研磨工具部分。由于存在主动结构与被动结构的情况，为了弥补机器人动力学模型和环境的不确定性与提高对期望力的跟踪能力，应用阻抗控制法实现主动与被动相结合的柔顺力控制。阻抗控制的位置内环采用第 4 章的研磨机器人轨迹跟踪控制系统，在本章建立的阻抗控制作为力外环，构建基于位置的阻抗控制，从而实现研磨机器人系统的柔顺控制。

5.1　阻抗控制概述

5.1.1　机器人阻抗控制

机器人阻抗控制是以“弹簧—质量—阻尼”模型对机器人末端力/位置的控制进行等效处理，为达到控制目的，需要调整机器人末端位置与接触力的关系，通过任意调节惯性、阻尼、刚度等参数来实现。

基于力的阻抗控制和基于位置的阻抗控制是两种不同的阻抗控制实现方式。

基于力的阻抗控制由外环的阻抗控制和内环的力控制组成，为了得到期望阻抗模型，作用在机器人末端的参考力 F_r 由阻抗控制外环计算得到；对于机器人与环境之间的实际作用力跟踪的期望接触力由内环的力控制器实现。

基于位置的阻抗控制由外环的阻抗控制和内环的位置控制组成，位置修正量由阻抗控制的外环生成，参考位置、位置的修正量和实际位置输入到内环位置控制器中，完成实际位置对期望位置的跟踪，以实现机器人与环境接触作用模型成为期望阻抗模型。

5.1.2　阻抗控制模型

根据 Hogan[74] 提出的阻抗控制概念可知，对力和位置偏差的期望关系进行调节是阻抗控制的关键，建立的期望关系称为目标阻抗，如式（5-1）所示。

$$\boldsymbol{F}-\boldsymbol{F}_r=\boldsymbol{Z}(\boldsymbol{X}-\boldsymbol{X}_r) \tag{5-1}$$

式中，$\boldsymbol{F}$、$\boldsymbol{F}_r$、$\boldsymbol{X}$、$\boldsymbol{X}_r$ 分别为机械手与环境的接触力、期望力、位置和期望位置。

在质量—弹簧—阻尼系统表示的阻抗如图 5-1 所示。机械手末端与环境相互接触产生作用力，发生形变。对于机器人工具末端位置偏离期望轨迹的差和末端与外界间的相互作用力，建立的目标阻抗可用如下二阶微分方程描述，式（5-2）给出了常用的目标阻抗三种数学表达形式[159]。

$$\begin{cases}\boldsymbol{M}_d\ddot{\boldsymbol{X}}+\boldsymbol{B}_d\dot{\boldsymbol{X}}+\boldsymbol{K}_d(\boldsymbol{X}-\boldsymbol{X}_r)=-\boldsymbol{F} & \text{(5-2a)}\\ \boldsymbol{M}_d\ddot{\boldsymbol{X}}+\boldsymbol{B}_d(\dot{\boldsymbol{X}}-\dot{\boldsymbol{X}}_r)+\boldsymbol{K}_d(\boldsymbol{X}-\boldsymbol{X}_r)=-\boldsymbol{F} & \text{(5-2b)}\\ \boldsymbol{M}_d(\ddot{\boldsymbol{X}}-\ddot{\boldsymbol{X}}_r)+\boldsymbol{B}_d(\dot{\boldsymbol{X}}-\dot{\boldsymbol{X}}_r)+\boldsymbol{K}_d(\boldsymbol{X}-\boldsymbol{X}_r)=-\boldsymbol{F} & \text{(5-2c)}\end{cases}$$

式中　$\boldsymbol{X}_r(t)$、$\dot{\boldsymbol{X}}_r(t)$、$\ddot{\boldsymbol{X}}_r(t)$——机器人终端的参考位置、速度和加速度向量；

$\boldsymbol{X}$、$\dot{\boldsymbol{X}}$、$\ddot{\boldsymbol{X}}$——x、y、z 方向 3×1 的机器人终端位置、速度和加速度向量；

$\boldsymbol{M}_d$、$\boldsymbol{B}_d$、$\boldsymbol{K}_d$——3×3 的目标惯量矩阵、目标阻尼矩阵和目标刚度矩阵；

$\boldsymbol{F}$——x、y、z 方向 3×1 的机器人工具端与环境接触时，环境作用给机器人工具端的力向量。

为达到力跟踪的目的，在上面的研究基础上，采用实际接触力与期望接触

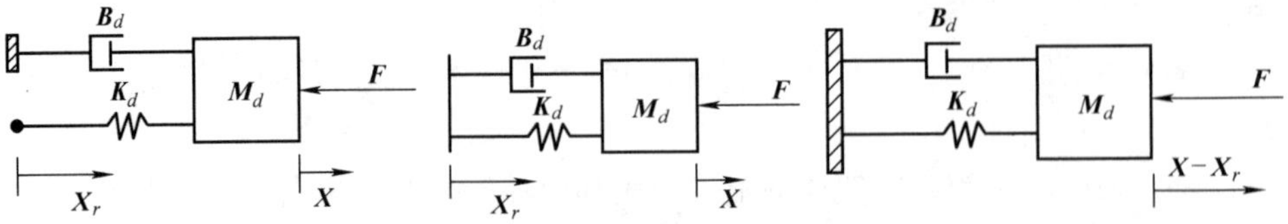

a) 式(5-2a) b) 式(5-2b) c) 式(5-2c)

图5-1 式（5-2）物理模型

力之差 $e_f = F_r - F$ 代替式（5-2）中的环境作用力 F，作为目标阻抗模型的驱动信号，得到新目标阻抗模型为

$$\begin{cases} M_d\ddot{X} + B_d\dot{X} + K_d(X - X_r) = e_f & (5\text{-}3a) \\ M_d\ddot{X} + B_d(\dot{X} - \dot{X}_r) + K_d(X - X_r) = e_f & (5\text{-}3b) \\ M_d(\ddot{X} - \ddot{X}_r) + B_d(\dot{X} - \dot{X}_r) + K_d(X - X_r) = e_f & (5\text{-}3c) \end{cases}$$

令 $E = X - X_r$，采用式（5-3c）表达的目标阻抗模型为

$$M_d\ddot{E} + B_d\dot{E} + K_dE = e_f \tag{5-4}$$

在笛卡儿坐标系各个坐标轴方向是解耦控制时，目标惯量矩阵 M_d、目标阻尼矩阵 B_d、目标刚度矩阵 K_d 和环境刚度矩阵 K_e 一般都可取为对角正定矩阵，因此可以进行简化，只考虑机器人操作空间某一维的情况，分析机器人笛卡儿坐标系任意一坐标轴方向的阻抗控制，可用 f_r、f、m、b、k 代替 F_r、F、M_d、B_d、K_d、并令 $e = x - x_r$ 则式（5-4）变为

$$m\ddot{e} + b\dot{e} + ke = f_r - f \tag{5-5}$$

在自由空间和约束空间中分别考察机器人的两个运动。因自由空间中，研磨工具末端接触力 $f=0$，则有

$$m\ddot{e} + b\dot{e} + ke = f_r \tag{5-6}$$

式中，若能得到精确的环境位置，如果设参考力 f_r 为0，工具端的驱动力决定了期望力，机器人将与环境保持接触，使机器人对环境施加力。

5.2 机器人研磨工具端与环境的等效模型

5.2.1 等效模型的建立

研磨机器人在自由空间中不与环境发生作用，是一个独立的受控对象，对研磨工具末端的控制是单纯的位置控制。而当研磨工具末端与环境接触后，由于受到环境的约束，此时的机器人研磨工具末端不再是一个独立的受控对象，研磨工具终端与环境构成了一个综合动态系统。在众多的研究中，线性弹簧系统一般被当作机械手末端与环境接触的简化模型，即如式（5-7）所示的模型。但是在研磨加工中，考虑材料去除装置（研磨工具）与环境（工件表面）接触的瞬态过程情况，应该同时考虑位置项的作用与阻尼项的影响，此时可以把接触模型简化为式（5-8）所示的“阻尼—弹簧”系统。结合式（5-3c）的研磨工具终端与环境的接触模型如图 5-2 所示。

$$\boldsymbol{F}=\boldsymbol{K}_e(\boldsymbol{X}-\boldsymbol{X}_e) \tag{5-7}$$

$$\boldsymbol{F}=\boldsymbol{B}(\dot{\boldsymbol{X}}-\dot{\boldsymbol{X}}_e)+\boldsymbol{K}_e(\boldsymbol{X}-\boldsymbol{X}_e) \tag{5-8}$$

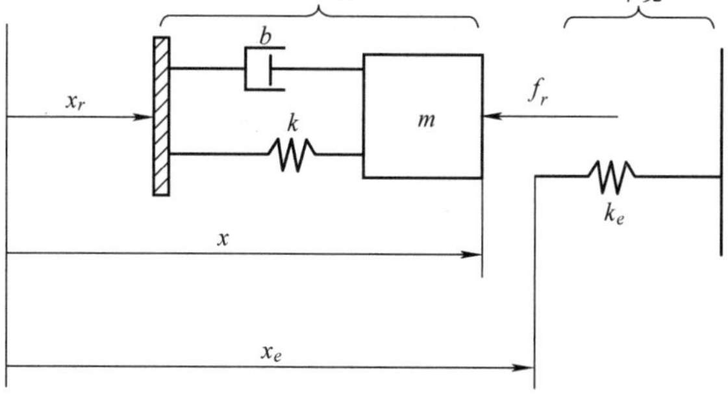

图 5-2　阻抗控制机器人和环境的简化模型

图 5-2 中，在只考虑笛卡儿坐标系某一轴方向的情况下，用 x_r、x 和 x_e 分别表示研磨工具末端在一个坐标轴方向上的轨迹参考位置、实际运行位置和环境位置，用 f_r 表示研磨工具末端与环境的参考接触力，用一线性弹簧对环境进行等效处理，研磨工具上的力传感器与环境的等效刚度为 k_e，则有

$$f=\begin{cases}0 & (x\leqslant x_e)\\ k_e(x-x_e) & (x\geqslant x_e)\end{cases} \tag{5-9}$$

5.2.2　研磨机器人系统的刚度系数 K_p

因本文的研磨机器人系统含有主动结构（机器人本体）与被动结构（研磨工具）两部分，所以研磨机器人系统刚度为[160]

$$\boldsymbol{K}_p=\boldsymbol{K}_1\oplus\boldsymbol{K}_2 \tag{5-10}$$

式中　$\boldsymbol{K}_1$——机器人本体的主动部分刚度；

$\boldsymbol{K}_2$——研磨工具的被动部分刚度；

$\oplus$——表示两个矢量按照某种测度求和。

从图 5-3 中可知，机器人系统所受的力来自研磨工具端部与工件表面之间的作用力，也是系统的被动部分所受的外力。鉴于机器人的本体重量相对于吸

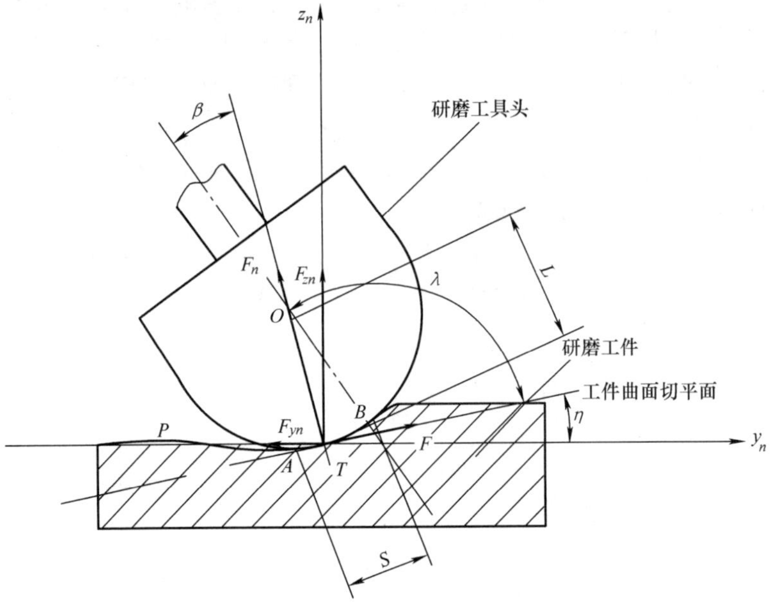

图 5-3 研磨机器人系统被动部分的结构、刚度与变形

附吸盘产生的吸附力足够大，本文假设机器人的吸盘和工件表面吸附后，机器人相对于研磨工具末端是刚性的，系统被动部分受到作用力后，这些刚性位移使被动部分（研磨工具的弹簧）产生弹性变形。$\boldsymbol{\Delta}_1$ 表示系统主动部分使研磨工具产生的位移，$\boldsymbol{\Delta}_2$ 表示工件使研磨工具弹簧产生的位移，两部分共同使研磨工具产生的变形为 $\boldsymbol{\Delta}_e$。

在本文的机器人基坐标系中，设研磨工具末端在 yOz 平面的两个方向上刚度系数矩阵为

$$\boldsymbol{K}_2=\begin{pmatrix} K_{zz} & K_{zy} \\ K_{yz} & K_{yy} \end{pmatrix} \tag{5-11}$$

式中 K_{yy}——y 方向的单位力作用引起的 y 方向相对于研磨工具前端中心的变形；

K_{yz}——y 方向的单位力作用引起的 z 方向相对于研磨工具前端中心的变形；

K_{zy}——z 方向的单位力作用引起的 y 方向相对于研磨工具前端中心的变形；

K_{zz}——z 方向的单位力作用引起的 z 方向相对于研磨工具前端中心的变形。

在图 5-3 中，研磨工具末端相对于机器人终端的弹性变形量为

$$\begin{pmatrix} F_{fn}\cos\eta - F_{ft}\sin\eta \\ F_{ft}\cos\eta + F_{fn}\sin\eta \end{pmatrix} = \begin{pmatrix} K_{zz} & K_{zy} \\ K_{zy} & K_{yy} \end{pmatrix} \begin{pmatrix} \Delta z_2 \\ \Delta y_2 \end{pmatrix} \tag{5-12}$$

在本文的机器人系统中，在加工平面的 z 方向和 y 方向布置两个力传感器，就可得到测量力 F_{yn} 和 F_{zn}。

$$\begin{cases} F_{yn} = F_{ft}\cdot\cos\eta + F_{ft}\cdot\sin\eta \\ F_{zn} = F_{fn}\cdot\cos\eta - F_{ft}\cdot\sin\eta \end{cases} \tag{5-13}$$

联立式（5-12）可得

$$\begin{pmatrix} F_{zn} \\ F_{yn} \end{pmatrix} = \begin{pmatrix} k_{zz} & k_{zy} \\ k_{yz} & k_{yy} \end{pmatrix} \begin{pmatrix} \boldsymbol{\Delta}_{ze} \\ \boldsymbol{\Delta}_{ye} \end{pmatrix} \tag{5-14}$$

在本文设计的研磨机器人系统中，弹性变形只在研磨工具末端产生，其他部分产生的是刚性位移。研磨工具末端的轴向和切向两个方向产生弹性变形，因轴向力产生的切向变形和因切向力产生的轴向变形相对较小，可以忽略。设研磨工具末端的轴向刚度系数为 k_t，切向刚度系数为 k_n，可得

$$\begin{pmatrix} F_t \\ F_n \end{pmatrix} = \begin{pmatrix} k_t & 0 \\ 0 & k_n \end{pmatrix} \begin{pmatrix} \boldsymbol{\Delta}_{te} \\ \boldsymbol{\Delta}_{ne} \end{pmatrix} \tag{5-15}$$

对于研磨工具末端的刚度系数设计，主要是被动部分的弹性变形量远大于主动部分的运动误差，为避免某方向上的刚度过大，让 k_t 和 k_n 取值尽量相近，结合图 5-3 可得

$$\begin{pmatrix} F_{fn}\sin\lambda \\ F_{fn}\cos\lambda \end{pmatrix} = \begin{pmatrix} k_t & 0 \\ 0 & k_n \end{pmatrix} \begin{pmatrix} \boldsymbol{\Delta}_{te} \\ \boldsymbol{\Delta}_{ne} \end{pmatrix} \tag{5-16}$$

$$\begin{pmatrix} \boldsymbol{\Delta}_{te} \\ \boldsymbol{\Delta}_{ne} \end{pmatrix} = \begin{pmatrix} \sin(\lambda+\eta) & -\cos(\lambda+\eta) \\ \cos(\lambda+\eta) & \sin(\lambda+\eta) \end{pmatrix} \begin{pmatrix} \boldsymbol{\Delta}_{ze} \\ \boldsymbol{\Delta}_{ye} \end{pmatrix} \tag{5-17}$$

$$\begin{pmatrix} F_t \\ F_e \end{pmatrix} = \begin{pmatrix} \sin(\lambda+\eta) & -\cos(\lambda+\eta) \\ \cos(\lambda+\eta) & \sin(\lambda+\eta) \end{pmatrix} \begin{pmatrix} F_{zn} \\ F_{yn} \end{pmatrix} \tag{5-18}$$

将式（5-17）和式（5-18）代入式（5-15）可得

$$\begin{pmatrix} \sin(\lambda+\eta) & -\cos(\lambda+\eta) \\ \cos(\lambda+\eta) & \sin(\lambda+\eta) \end{pmatrix} \begin{pmatrix} F_{zn} \\ F_{yn} \end{pmatrix} = \begin{pmatrix} k_t & 0 \\ 0 & k_n \end{pmatrix} \begin{pmatrix} \sin(\lambda+\eta) & -\cos(\lambda+\eta) \\ \cos(\lambda+\eta) & \sin(\lambda+\eta) \end{pmatrix} \begin{pmatrix} \boldsymbol{\Delta}_{ze} \\ \boldsymbol{\Delta}_{ye} \end{pmatrix} \tag{5-19}$$

若令 $A = \begin{pmatrix} \sin(\lambda+\eta) & -\cos(\lambda+\eta) \\ \cos(\lambda+\eta) & \sin(\lambda+\eta) \end{pmatrix}$，在式（5-19）等号两边各左乘 A^{-1}，再联立式（5-14）可得

$$\begin{pmatrix} k_{zz} & k_{zy} \\ k_{yz} & k_{yy} \end{pmatrix} = A^{-1}\begin{pmatrix} k_t & 0 \\ 0 & k_n \end{pmatrix}A \tag{5-20}$$

将 A 代入式（5-20）可得

$$\begin{cases} k_{zz} = k_n\cos^2(\lambda+\eta) + k_t\sin^2(\lambda+\eta) \\ k_{zy} = (k_n - k_t)\sin(\lambda+\eta)\cos(\lambda+\eta) \\ k_{yy} = k_n\sin^2(\lambda+\eta) + k_t\cos^2(\lambda+\eta) \\ k_{yz} = (k_n - k_t)\sin(\lambda+\eta)\cos(\lambda+\eta) \end{cases} \tag{5-21}$$

由于系统的被动结构部分是弹性变形全部集中发生的位置，因此可以用被动部分的位置刚度系数 $\boldsymbol{K}_2$ 代替系统的位置刚度系数 $\boldsymbol{K}_P$，即

$$\boldsymbol{K}_P = \boldsymbol{K}_2 = \begin{pmatrix} K_{zz} & K_{zy} \\ K_{yz} & K_{yy} \end{pmatrix} \tag{5-22}$$

如果给定了 k_n 和 k_p，就可求出系统的位置刚度系数 $\boldsymbol{K}_P$。

5.3　基于位置的阻抗控制

5.3.1　基于位置的阻抗控制

图 5-4 表示了本文的研磨机器人系统加工过程示意图。

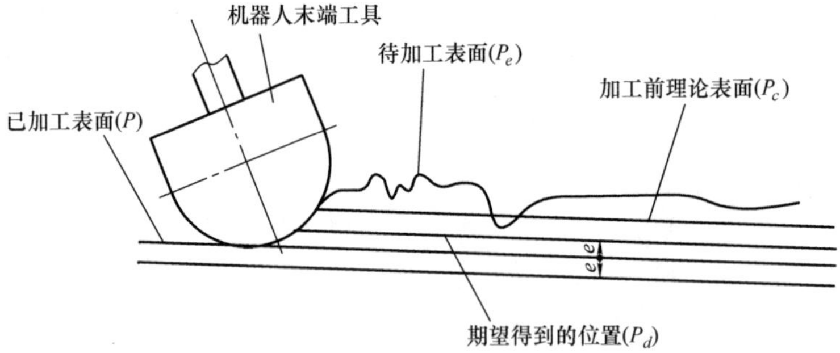

图 5-4　研磨加工过程示意图

基于位置的阻抗控制由外环的阻抗控制和内环的位置控制组成，位置修正量由阻抗控制的外环生成，参考位置、位置的修正量和实际位置输入到内环位置控制器中，完成实际位置对跟踪期望位置的跟踪，以实现机器人与环境接触作用模型成为期望阻抗模型。本文的位置控制内环采用上一章的 PD + 前馈型变结构补偿控制器，阻抗控制的效果取决于位置控制器的精度。在本文建立的

基于位置笛卡儿阻抗控制中，安装在研磨工具上的压力传感器实施研磨工具与环境之间的接触力测量，该力被反馈给目标阻抗控制器后，目标阻抗控制器产生一个位置修正向量 $e=(e_x, e_y, e_z)^{\mathrm{T}}$，位置修正向量满足下式。

$$-\boldsymbol{F}=\boldsymbol{M}_e\ddot{e}+\boldsymbol{B}_d\dot{e}+\boldsymbol{K}_d e \tag{5-23}$$

因此在频域中阻抗函数表示为

$$e(s)=\frac{-\boldsymbol{F}(s)}{\boldsymbol{M}_d s^2+\boldsymbol{B}_d s+\boldsymbol{K}_d} \tag{5-24}$$

式（5-24）中的 $\boldsymbol{M}_d$、$\boldsymbol{B}_d$、$\boldsymbol{K}_d$ 都是对角正定矩阵，式（5-24）相当于二阶低通滤波器，可以对 $\boldsymbol{F}(s)$ 中每一个元素实现二阶低通滤波，通过对每一个 $\boldsymbol{F}$ 的滤波，得到滤波后的位置修正向量 e。位置修正向量 $\boldsymbol{e}$ 与机器人轨迹规划产生的参考位置向量 $\boldsymbol{X}_r$ 相加，得到位移控制命令 $\boldsymbol{X}_d=(x_d, y_d, z_d)^{\mathrm{T}}$；

$$\boldsymbol{X}_d=\boldsymbol{X}_r+\boldsymbol{e} \tag{5-25}$$

当研磨工具末端在自由空间中运行时，与环境不发生接触，受到的外界作用力 $\boldsymbol{F}\equiv 0$，此时对应的位移修正向量 $e\equiv 0$，由式（5-14）得到 $\boldsymbol{X}_r=\boldsymbol{X}_d$。

当研磨工具末端在约束空间中运行时，工具末端与环境接触后，若假设位置控制器精确且无误差，即 $\boldsymbol{X}\equiv\boldsymbol{X}_d$，则有

$$e=\boldsymbol{X}-\boldsymbol{X}_r \tag{5-26}$$

基于位置的阻抗控制方法如图 5-5 所示，笛卡儿坐标系的位置 $\boldsymbol{X}_m$ 是由参考位置 $\boldsymbol{X}_d$ 与位置修正向量 $\boldsymbol{e}$（工具末端所受环境外力 $\boldsymbol{F}$ 经过阻抗滤波器得到的）相加得到的。然后将 $\boldsymbol{X}_m$ 通过逆运动学运算 $\boldsymbol{L}^{-1}$（$\boldsymbol{X}$），得到关节空间的期望关节角度 θ_d，将 θ_d 减去实际通过反馈得到的关节角度 θ，可得到关节位置误差 θ_e。当位置控制器精确时，关节位置控制器的输入 $\theta_e=0$，经过正运动学运算，达到 $\boldsymbol{X}=\boldsymbol{L}(\theta)\theta=\boldsymbol{L}(\theta_d)\theta_d=\boldsymbol{X}_r$ 的目的。

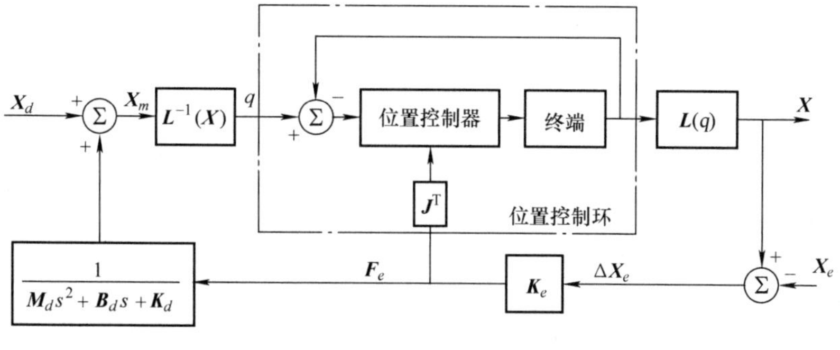

图 5-5　基于位置的阻抗控制[159]

对于研磨工具末端不与环境接触的自由运动情况，$\boldsymbol{F}_e=0$，此时阻抗模型变为

$$\boldsymbol{M}_d(\ddot{\boldsymbol{X}}-\ddot{\boldsymbol{X}}_d)+\boldsymbol{B}_d(\dot{\boldsymbol{X}}-\dot{\boldsymbol{X}}_d)+\boldsymbol{K}_d(\boldsymbol{X}-\boldsymbol{X}_d)=0 \tag{5-27}$$

式（5-27）中，在有较大加速度的高速运动或者会产生冲击力的运动情况下，机器人理想惯性矩阵 $\boldsymbol{M}_d$ 产生的影响较大；在中速运动或存在较强干扰的情况下，机器人理想阻尼矩阵 $\boldsymbol{B}_d$ 产生的影响较大；平衡状态附近的低速运动时，机器人的理想刚度矩阵 $\boldsymbol{K}_d$ 产生的影响较大；可以通过主动控制来调节阻抗控制参数来获到不同的目标阻抗，$\boldsymbol{M}_d$、$\boldsymbol{B}_d$、$\boldsymbol{K}_d$ 都分别包含了物体固有的和主动控制所带来的部分。对于式（5-27）表示的目标阻抗系数，参考文献［160，162］详细地论述了由自由空间向约束空间过渡时的稳定性问题。

$$\begin{cases}\xi_\tau=\dfrac{\boldsymbol{B}_d}{2\sqrt{\boldsymbol{K}_d\boldsymbol{M}_d}}\\ \boldsymbol{K}=\dfrac{K_e}{\boldsymbol{K}_d}>>1\\ \xi_\tau\geqslant 0.5\ (\sqrt{1+\boldsymbol{K}}-1)\end{cases} \tag{5-28}$$

5.3.2 阻抗控制中稳态力误差分析

由式（5-7）可知，当 $x\geqslant x_e$ 时，则有

$$x_r=f_r/k_e+x_e \tag{5-29}$$

工作中参考位置 x_r 被指定为一个恒量，即有 $\ddot{x}_r=\dot{x}_r=0$。若 f_r 为恒量，则有 $\ddot{f}_r=\dot{f}_r=0$，将式（5-29）代入式（5-3c），则所定义的目标阻抗模型为

$$\begin{cases}m\ddot{e}_f+b\dot{e}_f+(k+k_e)e_f=kf_r-k\cdot k_e(x_r-x_e)\\ e_f=f_r-f\end{cases} \tag{5-30}$$

稳态力误差为[152]

$$e_{ss}=\frac{k}{k+k_e}[f_r+k_e(x_e-x_r)]=k_{eq}(\frac{f_r}{k_e}+x_e-x_r) \tag{5-31}$$

式中 $k_{eq}=(k^{-1}+k_e^{-1})^{-1}=\dfrac{k\cdot k_e}{k+k_e}$——目标阻抗和环境的等效刚度。

稳态接触力为

$$f_{ss}=f_r-e_{ss}=k_{eq}(\frac{f_r}{k}+x_r-x_e) \tag{5-32}$$

从式（5-31）可知，稳态力 f_{ss} 与参考力 f_r 及参考轨迹位置 x_r 的函数关系，在参考位置满足式（5-29）时，稳态力误差 $e_{ss}=0$。当环境位置 x_e 和环境刚度 k_e 精确可知时，实现无误差的参考力轨迹跟踪的条件是按 $x_r=f_r/k_e+x_e$ 来选择参考轨迹位置 x_r。然而，环境刚度 k_e 和环境位置 x_e 的精确值很难在

实际操作中获得。通常取估计值$\hat{x}_e$和$\hat{k}_e$，设Δx_e、Δk_e为实际环境位置和环境刚度与假设的环境位置和环境刚度间的差，则有

$$\begin{cases}\Delta x_e = x_e - \hat{x}_e \\ \Delta k_e = k_e - \hat{k}_e\end{cases} \tag{5-33}$$

式中　x_e、k_e——实际的环境位置和环境刚度；

$\hat{x}_e$、$\hat{k}_e$——环境位置和环境刚度的估计值。

使用$x_r = f_r/\hat{k}_e + \hat{x}_e$定义的参考位置时的稳态力误差为

$$e_{ss} = \frac{k}{k+k_e}\left(k_e \Delta x_e - \frac{\Delta k_e}{\hat{k}_e} f_r\right) \tag{5-34}$$

采用直接对环境参数进行估计的方法，可解决环境刚度、环境位置不确定引起的力误差。由于环境刚度k_e通常很大，由式（5-34）可知，即使取很小的环境位置偏差Δx_e，力控制误差值也会很大。若使阻抗控制能完成精确的力控制任务，实时对环境参数在线估计是最直接的办法。

5.3.3　调整阻抗参数的仿真研究

为得到阻抗参数变化时对系统性能的影响，采用上述的基于位置的阻抗控制方法。针对式（3-7）给出的期望轨迹，分别选取不同的阻抗参数得到的仿真结果如图 5-6～图 5-10 所示，左图为力跟踪曲线；右图为位置曲线。

图 5-6 中，$\boldsymbol{M}_d = 10\text{kg}$、$\boldsymbol{B}_d = 500\text{N}\cdot\text{s/m}$、$\boldsymbol{K}_d = 3000\text{N/m}$，从图中可以看出，操作臂控制系统由自由空间到约束空间过渡过程比较稳定，力的稳态波动很微小。

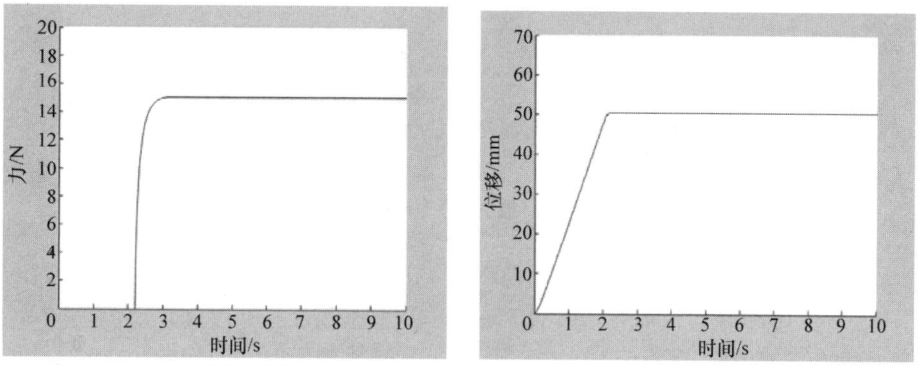

a) 力跟踪曲线　　b) 位移曲线

图 5-6　基于位置的阻抗控制仿真图（一）

图 5-7 中，$\boldsymbol{M}_d=100\text{kg}$、$\boldsymbol{B}_d=500\text{N}\cdot\text{s/m}$、$\boldsymbol{K}_d=3000\text{N/m}$，从图中可以看出，力的稳态值处于小波动状态，是由于 $\boldsymbol{M}_d$ 取值过大，在由自由空间到约束空间过渡过程中，系统变得不稳定。

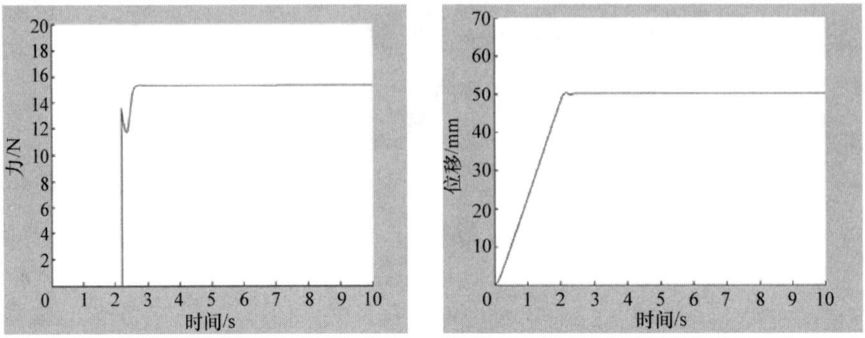

a) 力跟踪曲线　　b) 位移曲线

图 5-7　基于位置的阻抗控制仿真图（二）

图 5-8 中，$\boldsymbol{M}_d=10\text{kg}$、$\boldsymbol{B}_d=80\text{N}\cdot\text{s/m}$、$\boldsymbol{K}_d=3000\text{N/m}$，从图中可以看出，力表现出不稳定现象，是由于 $\boldsymbol{B}_d$ 取值过小，在由自由空间到约束空间过渡过程中，力出现抖动现象。

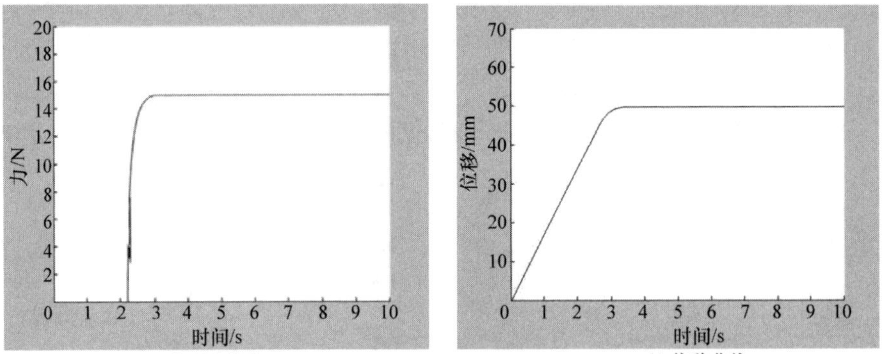

a) 力跟踪曲线　　b) 位移曲线

图 5-8　基于位置的阻抗控制仿真图（三）

图 5-9 中，$\boldsymbol{M}_d=10\text{kg}$、$\boldsymbol{B}_d=500\text{N}\cdot\text{s/m}$、$\boldsymbol{K}_d=10\text{N/m}$，从图中可以看出，当 $\boldsymbol{K}_d$ 取值过小时，在由自由空间到约束空间过渡过程中，力波动范围较大，但力的稳态值较好。

图 5-10 中，不能实现稳定的阻抗控制，是由于阻抗参数选取不当，不满足式（5-28）的条件，从图中可以看出，系统由自由空间到约束空间的过渡

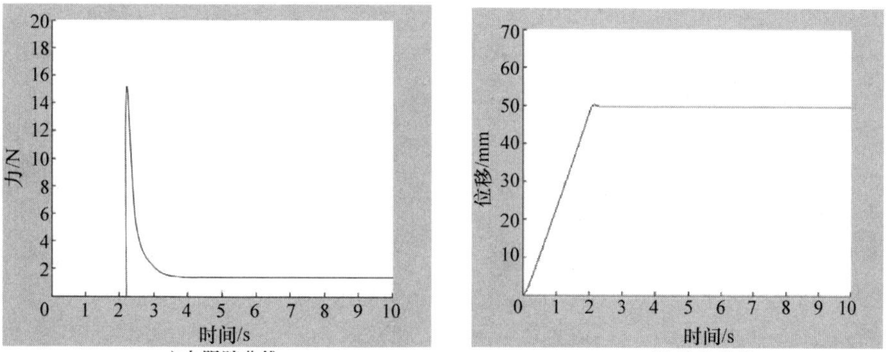

a) 力跟踪曲线　　b) 位移曲线

图 5-9　基于位置的阻抗控制仿真图（四）

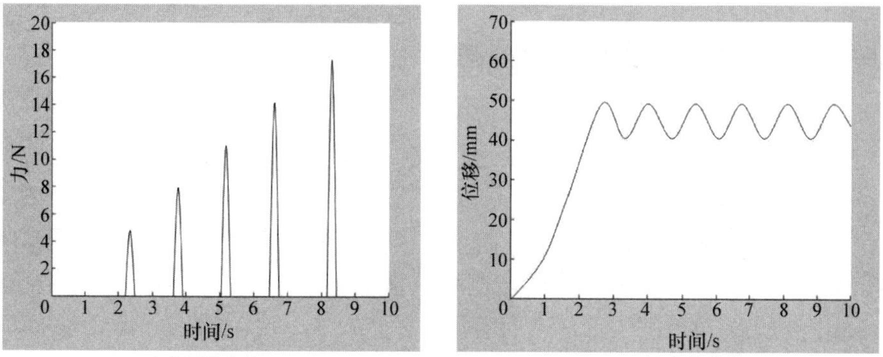

a) 力跟踪曲线　　b) 位移曲线

图 5-10　基于位置的阻抗控制仿真图（五）

过程变得极不稳定。

由上面的仿真结果可以看出阻抗控制模型参数（$\boldsymbol{M}_d$、$\boldsymbol{B}_d$、$\boldsymbol{K}_d$）必须根据任务要求实时调整：较大的目标惯性矩阵 $\boldsymbol{M}_d$ 将会对环境产生大的冲击运动，导致轨迹误差较大，系统响应慢；$\boldsymbol{B}_d$ 越大系统响应越慢，超调量越小，能量消耗越大；$\boldsymbol{K}_d$ 值越小，力控制稳态误差越小，系统响应越慢，反之，轨迹跟踪精度越高。

5.4　模糊阻抗控制

通过上述阐述与仿真分析可知，阻抗控制的动态性能直接取决于不同的阻抗参数。针对目标阻抗的参数调整，一种方法是采用实时测量或根据环境模型计算（k_e、b_e）的值，根据环境的变化修改（$\boldsymbol{M}_d$、$\boldsymbol{B}_d$、$\boldsymbol{K}_d$）进行补偿；另一种方法是采用智能控制方法，根据机器人末端位置和接触力反馈实时调整（$\boldsymbol{M}_d$、$\boldsymbol{B}_d$、$\boldsymbol{K}_d$），改变环境接触力与位置偏差的关系，牺牲一定的位置偏差，就可避免力的过大变化，降低环境变化对系统动静态性能的影响，这就是阻抗控制的鲁棒性。由于研磨工具与环境的接触过程中，存在被控对象具有时变性以及随机干扰情况，即环境的位置和刚度是不断变化的情况，采用固定目标阻抗系数的控制方法往往引起大的碰撞和超调，不能满足任务的要求。一些学者在提高阻抗控制的鲁棒性和实时性方面，通过引入模糊控制或者神经网络来调整目标阻抗系数，成为目前研究的热点[163-166]。本文中对目标阻抗的调整，是为了避免对待加工曲面轮廓误差的复映，以保证好的位置控制性能。调整位置偏差不单纯为了得到恒定的接触力，而是适当放大力误差的范围，使力在一个给定的范围内变动，对目标阻抗实施智能控制。

5.4.1 基于模糊逻辑的阻抗控制设计

1. 控制方案设计

由于待加工工件经过前期数控加工后，导致工件表面存在形状误差，如果继续采用恒力控制，会导致加工后表面对加工前表面轮廓形状的复映。为了实现位置跟踪，本文在进行基于位置阻抗的模糊逻辑控制器设计时，对目标阻抗参数实行实时调整，使力误差的范围适当放大，模拟人手工研磨的力控制情况，能主动实现对被加工工件表面变化的适应，对于每次研磨加工，为了取得最合理去除残余余量的要求，环境的变化要求目标阻抗参数随着进行调整，本文对阻抗参数进行的动态调整采用的是模糊控制策略，模仿人的决策过程进行实时调整。其控制框图如图 5-11 所示。

2. 模糊控制器的设计[159]

（1）确定输入输出变量。为了取得高质量的被加工表面，实现仿人研磨加工的主要目的，控制器中以位置误差和误差变化量为模糊控制器的输入。通过前述可知，目标刚度系数 K 是影响加工质量的主要因素，目标阻尼系数 B 则影响系统的超调量。以 K 和 B 的变化量作为模糊控制系统的输出，构成一种双输入双输出模糊系统。

（2）模糊变量和模糊化。在模糊控制器中，输入输出变量的语言值均被分为七个模糊子集（NB、NM、NS、ZE、PS、PM、PB），输入误差论域为 $[-0.03, 0.03]$，误差变化论域为 $[-0.3, 0.3]$，输出变量论域为 $[-800, 800]$ 和 $[-500, 500]$。

设 $[a, b]$ 为输入变量论域内任意变量 x 的实际值区间，$[a, b]$ 区间的精确

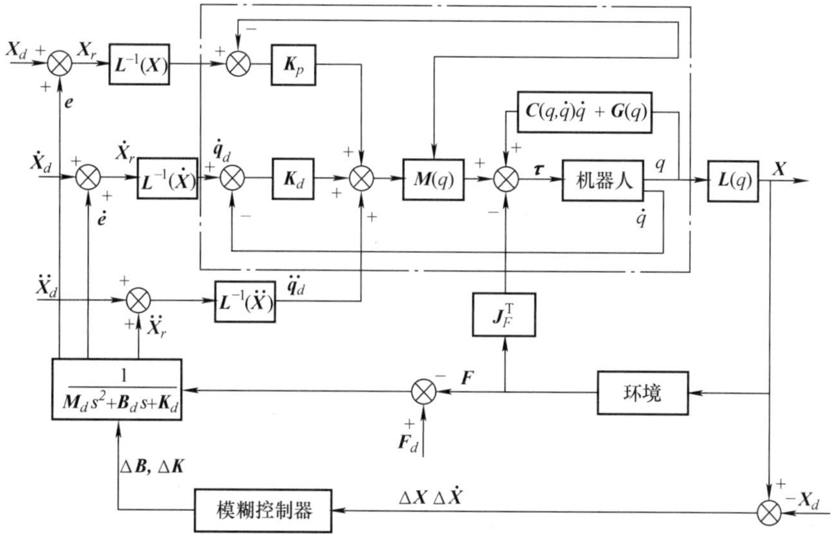

图 5-11　模糊阻抗控制框图[159]

量转换为区间[$-m$, m]（m 为正整数）的变量 x'，采用以下公式。

$$x' = < \frac{2m\left[x - \frac{(a+b)}{2}\right]}{b-a} > \tag{5-35}$$

比例因子 $k=2m/(b-a)$，$<\cdot>$表示取整运算。同理对于输出变量比例因子分别为 $k_e=60$、$k_{ec}=10$、$k_{\Delta k}=266$、$k_{\Delta b}=166$。

（3）隶属度函数。式（5-36）为梯形隶属度函数 $\mu_A(x)$，式中 a、b、c、d 分别为梯形的四个顶点，如图 5-12 所示。

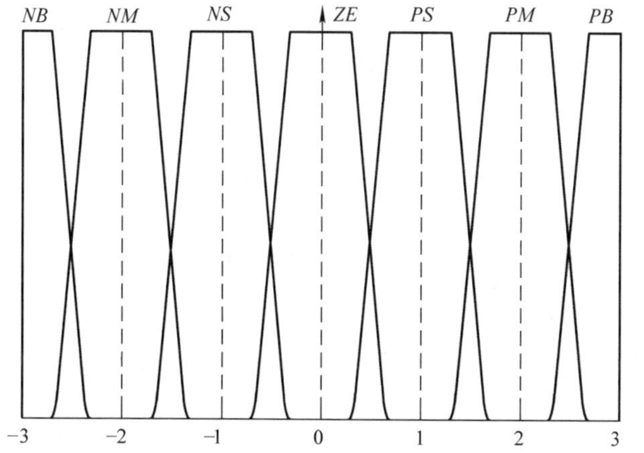

图 5-12　隶属度函数[159]

$$\mu_A(x) = \max(\min((x-a)/(b-a),1,(d-x)/(d-c))) \quad (5\text{-}36)$$

式（5-36）展开式为

$$\mu_A(x) = \begin{cases} 0 & x \leqslant a \\ (x-a)/(b-a) & a \leqslant x \leqslant b \\ 1 & b \leqslant x \leqslant c \\ (d-x)/(d-c) & c \leqslant x \leqslant d \\ 0 & d \leqslant x \end{cases} \quad (5\text{-}37)$$

（4）模糊规则。设模糊规则集 $\boldsymbol{R}$ 由一组“IF—THEN”模糊规则构成：$\boldsymbol{R}=(R_1,R_2,\cdots,R_j)$

其中

R_1：IF e is A_1 and ec is B_1, THEN Δk is C_1 and Δb is D_1.

… …

R_j：IF e is A_j and ec is B_j, THEN Δk is C_j and Δb is D_j.

R_j 代表规则库中的第 j 条规则；A_j、B_j、C_j、D_j 为相应语言变量的语言值，其控制规则如表 5-1 所示。

（5）模糊推理与清晰化。对当前各变量的输入值为 e、ec，输出值 k、b，采用 MIN－MAX 合成法进行模糊推理。

$$\begin{aligned} \mu_{k^*}(z) &= \bigvee_{x\in X}\{\mu_{e^*}(x) \wedge [\mu_e(x)\mu_k(z)]\} \cap \bigvee_{y\in Y}\{\mu_{ec^*}(y) \wedge \mu_k(z)\} \\ &= \bigvee_{x\in X}[\mu_{e^*}(x) \wedge \mu_e(x) \wedge \mu_k(z)] \cap \bigvee_{y\in Y}[\mu_{ec^*}(y) \wedge \mu_{ec^*}(y)] \wedge \mu_k(z) \\ &= [\alpha_e \wedge \mu_k(z)] \cap \bigvee_{y\in Y}[\alpha_{ec} \wedge \mu_k(z)] \\ &= (\alpha_e \wedge \alpha_{ec}) \wedge \mu_k(z) \end{aligned} \quad (5\text{-}38)$$

式中，μ 表示隶属度；α_e、α_{ec}为当前值与规则的适配度，即规则激活的程度。采用重心法解模糊

$$z_{k'} = \frac{\sum_{i=1}^{n}\mu_k \cdot (z_i) \cdot z_i}{\sum_{i=1}^{n}\mu_k \cdot (z_i)} \quad (5\text{-}39)$$

表 5-1 控制规则表

ΔKΔB	*NB*	*NM*	*NS*	*ZE*	*PS*	*PM*	*PB*
NB	*NB*	*NM*	*NS*	*ZE*	*ZE*	*ZE*	*ZE*
	NB	*NB*	*NB*	*NB*	*NS*	*NS*	*ZE*

（续）

ΔKΔB	NB	NM	NS	ZE	PS	PM	PB
NM	NB	NM	NS	ZE	ZE	ZE	ZE
	NM	NM	NM	NM	ZE	ZE	ZE
NS	NB	NS	NS	ZE	ZE	PS	PM
	NM	NM	NS	NS	ZE	ZE	NS
ZE	NB	NB	NS	ZE	PS	PB	PB
	NB	NB	NS	ZE	PS	PB	PB
PS	NM	NS	ZE	ZE	PS	PM	PB
	PS	ZE	ZE	PS	PS	PM	PM
PM	NS	ZE	ZE	ZE	PS	PM	PB
	ZE	ZE	ZE	PM	PM	PM	PM
PB	ZE	ZE	ZE	ZE	PS	PM	PB
	ZE	PS	PS	PB	PB	PB	PB

5.4.2　常规阻抗控制与模糊阻抗控制的仿真研究

为了比较常规阻抗控制与模糊阻抗控制的差别，取式（5-3c）作为目标阻抗，实现式（3-7）表达的研磨工具头期望轨迹，其运动学与动力学模型，结合第 3 章与附录中的计算公式，期望力取为 15.5N，目标阻抗参数如下

$$\boldsymbol{M}_d=\begin{pmatrix}1&&\\&1&\\&&1\end{pmatrix},\ \boldsymbol{B}_d=\begin{pmatrix}0&&\\&250&\\&&250\end{pmatrix},\ \boldsymbol{K}_d=\begin{pmatrix}0&&\\&200&\\&&200\end{pmatrix}$$

图 5-13 为常规目标阻抗参数的恒力跟踪控制方式，图 5-14 为加入模糊控制器的模糊阻抗控制加工结果，图中曲线 Z_e 为工件加工前的表面位置，曲线 Z_d 为加工后的期望位置，曲线 Z 为研磨工具头的实际位置。假设研磨工具的初始位置为0mm，可以看出，模糊控制方法中，较小的 k_d 值减小了力超调量，系统稳态误差变小，稳定性好，对于环境参数已知情况下的力跟踪控制能够更好地适应，但增大了系统响应时间。

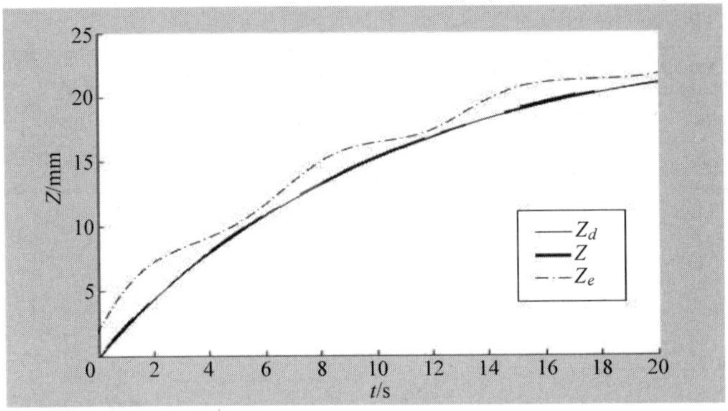

a) 位置仿真曲线

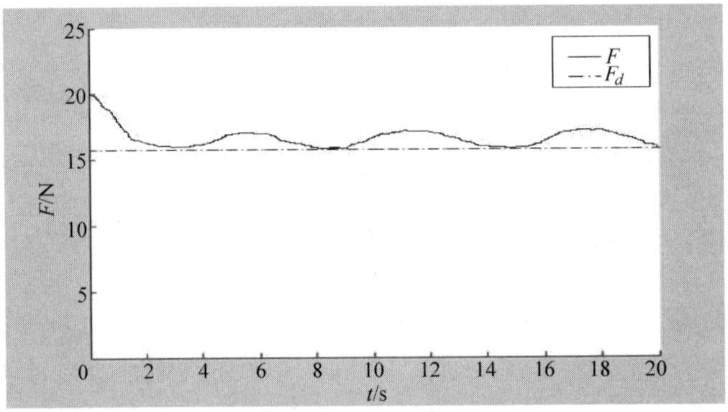

b) 作用力响应仿真曲线

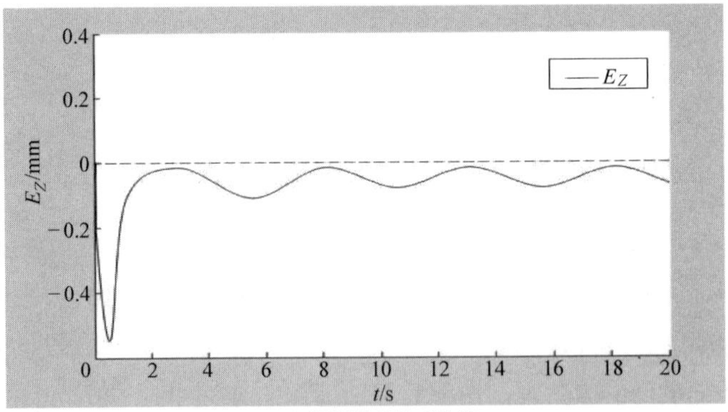

c) 位置误差仿真曲线

图 5-13　固定目标阻抗系数仿真

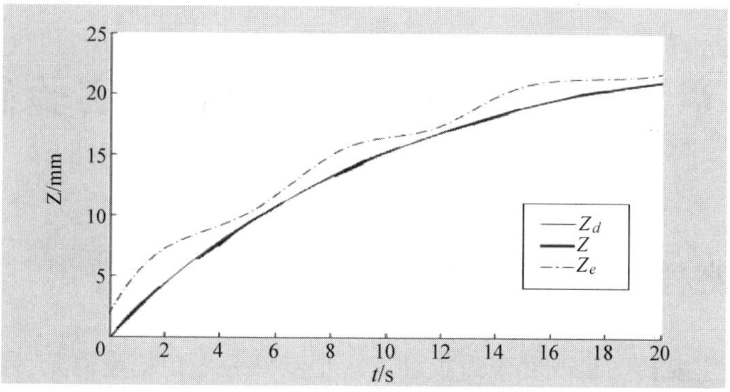

a) 位置仿真曲线

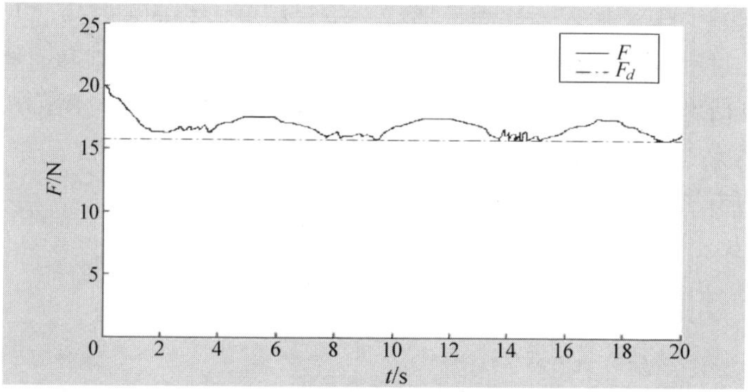

b) 作用力响应仿真曲线

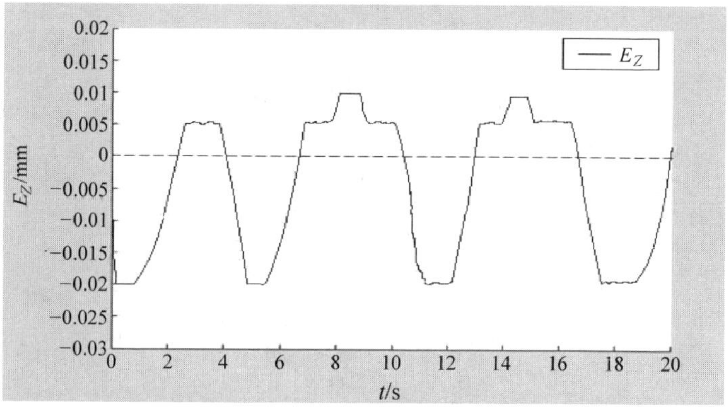

c) 位置误差仿真曲线

图 5-14　模糊阻抗力控制仿真结果

第 6 章　5 – TTRRT 机器人研磨实验研究

6.1　研磨材料的去除模型

研磨的主要目的是改变表面质量（减小工件表面粗糙度值），同时，在一定程度上去除前面工序加工时所形成的残留凹凸层和裂纹层，并修复加工时产生的型面误差，保证加工工件满足形状、位置精度、表面粗糙度、尺寸等方面要求。加工过程的关键问题之一是对研磨工具位置姿态的控制和研磨作用力的控制。控制研磨工具在给定的路径轨迹和速度下，保证适当的磨削头与接触表面之间作用力，以达到去除半精加工残留余量的目的。

研磨的方法不同，影响的因素如图 6-1 所示[167]。

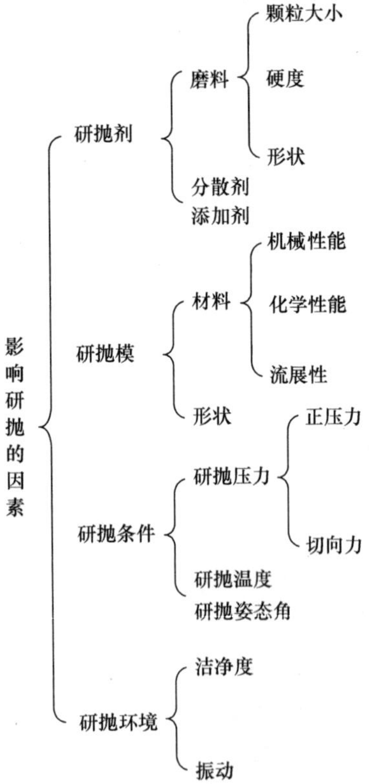

图 6-1　影响研磨的因素

研磨相当于磨削头上磨料颗粒对待磨削表面的微小切削作用，参考文献［159］认为抛光与研磨的去除机理是相同的，都是坚硬的磨料颗粒对待加工表面进行机械作用。目前学术界还没有形成一个能表达研磨机理的统一理论模型，普遍认可的说法是：工具头的旋转速度、工具头的材料、研磨压力等因素是决定研磨效率及研磨质量的关键[168, 169]。

Preston 模型[170, 171]是最著名的研磨材料去除模型之一，该模型通过对加工过程中的曲面曲率进行控制，实现对材料去除率的预测，从而提高工件被研磨表面的质量。

Preston 模型为

$$\frac{\mathrm{d}h}{\mathrm{d}t} = K_{\mathrm{P}} \times p \times v \tag{6-1}$$

式（6-1）中：$\mathrm{d}h/\mathrm{d}t$——材料的去除率；

K_{P}——Preston 系数；

p——研磨面上的压力；

v——磨削头与工件表面之间的相对线速度。

由于受到待加工表面的材料性能和特性限制，在实际的金属表面研磨加工中，p 和 v 将在合适的参数值范围内满足式（6-1）；p 和 v 与研磨时工具头的姿态相关。确定合理的研磨姿态与研磨路径，可以提高研磨效率和型面质量。

6.2 实验平台

采用本文开发的5－TTRRT研磨机器人系统进行自由曲面自主研磨实验，实验系统如图6-2所示，主要由以下部分组成：

1）5－TTRRT研磨机器人：规格550mm ×550mm ×335mm；重约30kg。

2）自制被动柔性研磨工具头，规格 ϕ25mm，粒度240#。

3）控制计算机：处理器主频为2.53GHz，内存为2GB。

4）六轴运动控制卡，型号为ADT－856。

5）SRM－1（D）型表面粗糙度测量仪，量程0.025～6.30μm。

研磨机器人系统实物图见图6-2。

图 6-2 研磨机器人系统实物图

6.3 机器人研磨实验

针对式（3-7）给定的研磨工具头的期望轨迹，选用球头刀具，采用行切法进行加工，应用上一章的模糊阻抗控制方法，期望的研磨作用力定义在工件坐标系的 Z 方向，大小为 15N。在机器人研磨控制系统中，通过对各关节的脉冲控制量取得对应的位移，经过运动学正解得到研磨工具头的实际位移，由安装在研磨工具末端的力传感器测量加工过程中作用于研磨工具的研磨力，实验采集的位移和研磨力在工件坐标系中的表示，分别如图 6-3 和图 6-4 所示。

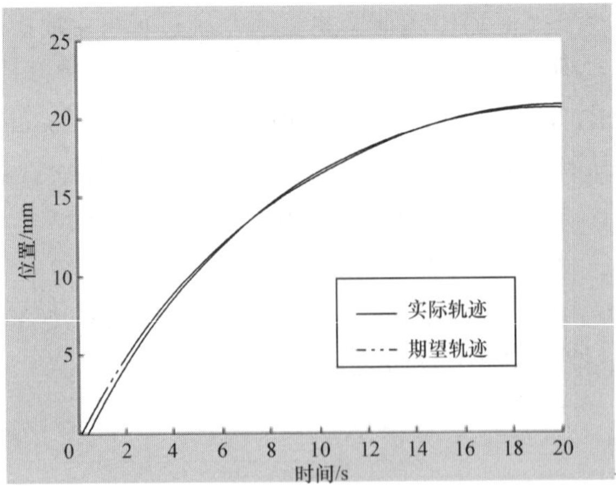

图 6-3 位移轨迹

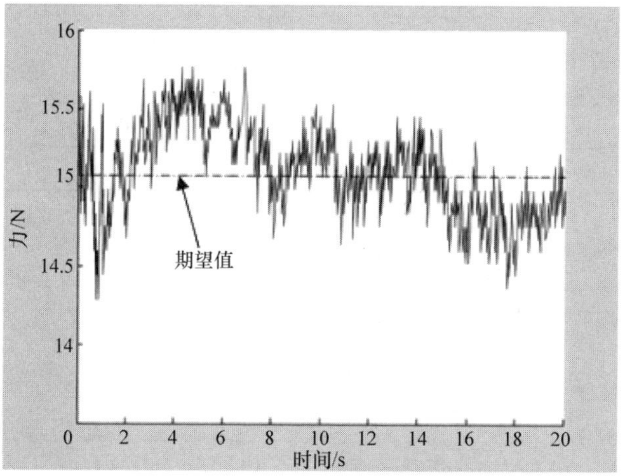

图 6-4　采集的研磨作用力

由图 6-3 可知，在平行于 $y_1O_1z_1$ 的平面内，在位置控制的 z 方向上，位置误差小于 0.5mm。期望研磨力为 15N，在 z 的正方向上，测量的作用力与期望力的偏差为 ±2N。

6.4　研磨工艺参数对研磨效果影响的正交试验

6.4.1　因素水平确定

在机器人研磨试验中，通过对研磨工具头姿态控制原理分析，可以发现研磨工具头与工件间的法向作用力 F、机器人行走速度 v（机器人研磨工具头沿工件表面的运行速度）、工具头主轴转速 n 和工具头姿态角 β，这四种因素对工件表面的加工质量有很大影响。

本文采用正交试验法对 4 因素 4 水平 L_{16}（4^5）进行正交试验，全面分析研磨时，上述四个因素对表面加工质量的影响，建立的研磨正交设计因素水平表如表 6-1 所示，研磨正交实验结果如表 6-2 所示。

表 6-1 因素水平表

因素 水平	法向作用力 F/N	进给速度 v/(mm/min)	工具头转速 n/(r/min)	姿态角 β/(°)
1 水平	5	30	1000	18
2 水平	10	60	1500	25
3 水平	15	120	2000	28
4 水平	20	180	2500	35

表 6-2 研磨正交实验结果

因素	法向作用力 F/N	工具头转速 v/(mm/min)	进给速度 n/(r/min)	姿态角 β/(°)	粗糙度 Ra/μm
试验 1	1	1	1	1	0. 962
试验 2	1	2	2	2	0. 861
试验 3	1	3	3	3	0. 933
试验 4	1	4	4	4	1. 101
试验 5	2	1	2	3	0. 931
试验 6	2	2	1	4	0. 835
试验 7	2	3	4	1	0. 902
试验 8	2	4	3	2	0. 983
试验 9	3	1	3	4	0. 901
试验 10	3	2	4	3	0. 746
试验 11	3	3	1	2	0. 862
试验 12	3	4	2	1	0. 943
试验 13	4	1	4	2	0. 922
试验 14	4	2	3	1	0. 810
试验 15	4	3	2	4	0. 893
试验 16	4	4	1	3	1. 026
均值 1	0. 96425	0. 929	0. 92125	0. 92125	
均值 2	0. 91275	0. 813	0. 907	0. 907	
均值 3	0. 863	0. 8975	0. 90675	0. 909	
均值 4	0. 91275	1. 01325	0. 91775	0. 9325	
极差	0. 10125	0. 20025	0. 0145	0. 0255	

6.4.2 各主要因素对研磨效果的影响

在 4 个主要因素中（见表 6-1），保持其中 3 个因素的工艺参数不变，调整其中一个主要影响因素，可以研究各主要因素对研磨效果的影响。

建立 L_{16}（4^5）正交试验表，进行多组正交试验，结合表 6-2 所得的正交试验结果，可以绘制法向作用力 F、进给速度 v、工具头转速 n 及工具头姿态角 β 等因素对表面粗糙度的影响曲线，如图 6-5 所示。

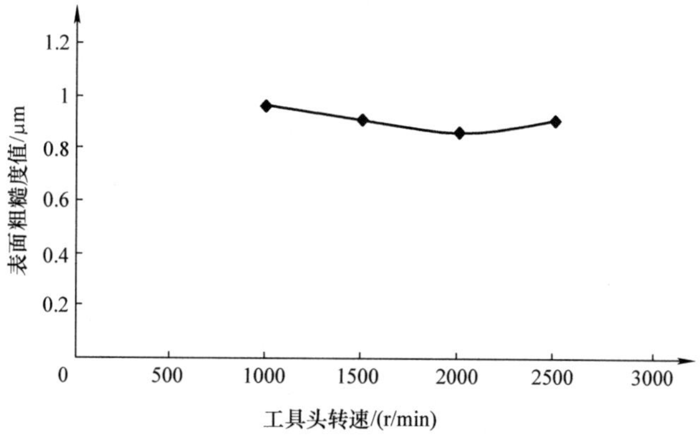

a) 工具头转速n对表面粗糙度的影响

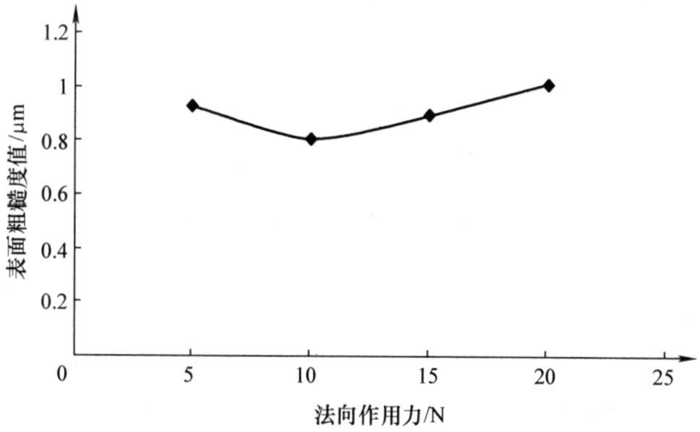

b) 法向作用力F对表面粗糙度的影响

图 6-5 各因素对表面粗糙度的影响曲线

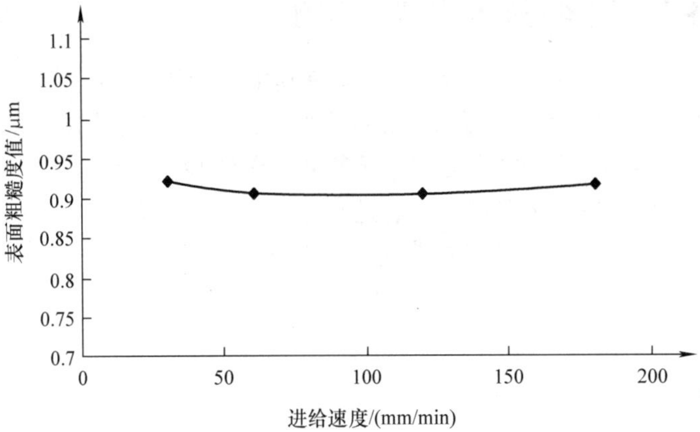

c) 进给速度v对表面粗糙度的影响

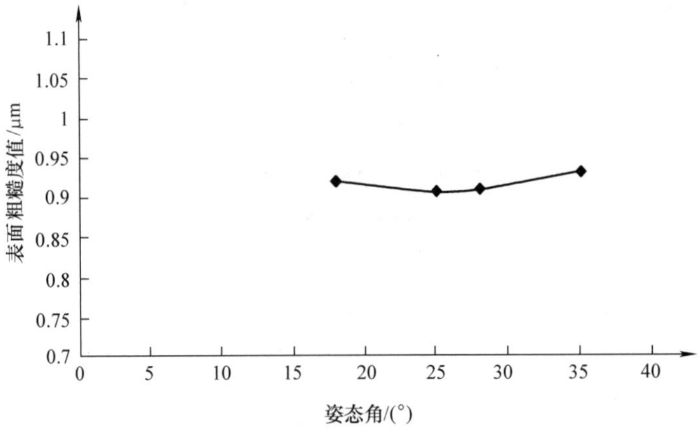

d) 姿态角β对表面粗糙度的影响

图6-5　各因素对表面粗糙度的影响曲线（续）

6.4.3　实验结果分析

分析表6-2中每个单因素在不同水平时对表面粗糙度的影响规律，可以得到在不考虑交互作用的情况下，最优水平加工条件是正交化实验各因素之间的好水平组合，由此得到的本次实验最优组合为$F_2v_2n_3\beta_2$，其中：法向作用力F为10N，进给速度v为6mm/min，工具头转速n为2000r/min，工具头姿态角β为25°时，研磨效果最佳。

结合图6-5，各因素对表面粗糙度的影响分析如下：

1）从图6-5a中可以得出：工件表面粗糙度值随着工具头转速逐渐增大体现出先下降然后再上升的变化过程，在工具头转速达到临界值前，粗糙度值单调下降，达到或超过临界值后开始单调上升。由Preston方程可知，随着接触点相对线速度增大，研磨材料去除率也成比例地增大，被加工工件表面的粗糙度最优出现在材料去除率与表面粗糙度达到一临界最佳平衡点位置。此后，研磨区内磨削头与加工的表面之间的相对线速度增大，表现在它们之间的接触表面上的剪切力也增大，虽然随着剪切力的增大，磨削力更强，对工件表面的去除作用也更大，但是超过这个临界点，将导致加工表面的粗糙度值变大。上面分析了磨削头的转速对加工表面粗糙度的影响：在同样的磨削头材料、结构和加工表面情况下，保持磨削头在临界相对线速度的附近时，可得到最好的加工表面。

2）从图6-5b中得出：工件表面粗糙度值随着法向作用力F增大而减小，当继续增大，超过它的临界值时，粗糙度值反而增大。虽然增大法向作用力F能够清除工件表面的凸峰，可以使加工表面的粗糙度值减小。随着法向作用力F的增大，工件表面与磨削头之间的接触面积变大，导致磨削头作用在工件加工表面上的剪切力和正压力增大，导致接触表面上研磨颗粒对金属的加工表面的刮除作用力也同时增大，工件表面的研磨痕迹更为明显，研磨效果将变差。

3）从图6-5c可得出，工具头进给速度对研磨效果的影响较小，说明基于位置阻抗模型的协调控制可以满足工具头顺应被加工曲面的要求，所以取得较好的效果。

4）图6-5d给出了工具头姿态角对研磨效果的影响，在姿态角小于20°时，工具头的头部区域工作，接触区域半径小导致研磨位置线速度低，所以工件表面磨削的质量较差。当工具头的姿态角处于20°~30°之间时，加工工件的表面粗糙度值没有明显的变化，这时说明工具头姿态角的变化对表面的加工质量影响小。当姿态角超过30°时，工具头与工件表面的接触区域为圆柱面，适应被加工曲面曲率的能力降低，所以工件表面磨削的质量较差。因此，从机器人系统的结构、工具头的尺寸并结合实验数据分析，选择25°的抛光工具头姿态角的控制参数。

附　　录

1. 正运动学分析

$$
{}^{0}\mathbf{A}_{0'} = \begin{pmatrix} \cos\theta & -\sin\theta & 0 & x \\ \sin\theta & \cos\theta & 0 & y \\ 0 & 0 & 1 & 0 \\ 0 & 0 & 0 & 1 \end{pmatrix}
$$

$$
{}^{i-1}\mathbf{A}_i = \mathrm{Rot}\,(z,\ \theta_i)\ \mathrm{Trans}\,(0,\ 0,\ d_i)\ \mathrm{Trans}\,(a_i 0,\ 0,\ 0)\ \mathrm{Rot}\,(x,\ \alpha_i)
$$

$$
{}^{0}\boldsymbol{T}_1 = \begin{pmatrix} 1 & 0 & 0 & 0 \\ 0 & 1 & 0 & 0 \\ 0 & 0 & 1 & d_1 \\ 0 & 0 & 0 & 1 \end{pmatrix} \qquad
{}^{1}\boldsymbol{T}_2 = \begin{pmatrix} 1 & 0 & 0 & -50 \\ 0 & 0 & 1 & d_2 \\ 0 & -1 & 0 & 0 \\ 0 & 0 & 0 & 1 \end{pmatrix}
$$

$$
{}^{2}\boldsymbol{T}_3 = \begin{pmatrix} c_3 & -s_3 & 0 & -222 \\ s_3 & c_3 & 0 & 0 \\ 0 & 0 & 1 & 0 \\ 0 & 0 & 0 & 1 \end{pmatrix} \qquad
{}^{3}\boldsymbol{T}_4 = \begin{pmatrix} c_4 & -s_4 & 0 & -110 \\ 0 & 0 & -1 & 0 \\ s_4 & c_4 & 0 & 0 \\ 0 & 0 & 0 & 1 \end{pmatrix}
$$

$$
{}^{4}\boldsymbol{T}_5 = \begin{pmatrix} 0 & 0 & 1 & d_5 \\ 0 & 1 & 0 & 0 \\ -1 & 0 & 0 & 47 \\ 0 & 0 & 0 & 1 \end{pmatrix}
$$

$$
{}^{0}\boldsymbol{T}_5 = \begin{pmatrix} -s_3 & -c_3 s_4 & c_3 c_4 & c_3 c_4 d_5 + 47 s_3 - 110 c_3 - 272 \\ 0 & c_4 & s_4 & s_4 d_5 + d_2 \\ -c_3 & s_3 s_4 & -s_3 c_4 & -s_3 c_4 d_5 + 47 c_3 + 110 s_3 + d_1 \\ 0 & 0 & 0 & 1 \end{pmatrix}
$$

$$
{}^{0}\boldsymbol{T}_5 = \begin{pmatrix} 0 & 0 & 1 & -272 \\ 0 & 1 & 0 & 0 \\ -1 & 0 & 0 & 47 \\ 0 & 0 & 0 & 1 \end{pmatrix}
$$

2. 逆运动学分析

$$
{}^{0}\boldsymbol{T}_5=\begin{pmatrix} n_x & o_x & a_x & p_x \\ n_y & o_y & a_y & p_y \\ n_z & o_z & a_z & p_z \\ 0 & 0 & 0 & 1 \end{pmatrix}
$$

$$
[{}^{i-1}\boldsymbol{A}_i]^{-1}=\begin{pmatrix} \cos\theta_i & \sin\theta_i & 0 & -l_i \\ -\cos\alpha_i\sin\theta_i & \cos\alpha_i\cos\theta_i & \sin\alpha_i & -d\sin\alpha_i \\ \sin\alpha_i\sin\theta_i & -\sin\alpha_i\cos\theta_i & -\cos\alpha_i & -d\cos\alpha_i \\ 0 & 0 & 0 & 1 \end{pmatrix}
$$

$$
{}^{0}\boldsymbol{T}_5=\begin{pmatrix} n_x & o_x & a_x & p_x \\ n_y & o_y & a_y & p_y \\ n_z & o_z & a_z & p_z \\ 0 & 0 & 0 & 1 \end{pmatrix}={}^{0}\boldsymbol{T}_1{}^{1}\boldsymbol{T}_2\cdots{}^{4}\boldsymbol{T}_5=
$$

$$
\begin{pmatrix} -s_3 & -c_3s_4 & c_3c_4 & c_3c_4d_5+47s_3-110c_3-272 \\ 0 & c_4 & s_4 & s_4d_5+d_2 \\ -c_3 & s_3s_4 & -s_3c_4 & -s_3c_4d_5+47c_3+110s_3+d_1 \\ 0 & 0 & 0 & 1 \end{pmatrix}
$$

$$p_x=c_3c_4d_5+47s_3-110c_3-272$$

$$d_5=\frac{p_x-47s_3+110c_3+272}{c_3c_4}$$

$$d_5=\frac{p_x+47n_x-110n_z+272}{a_x}$$

$$p_z=d_1-s_3c_4d_5+47c_3+110s_3$$

$$d_1=p_z-a_zd_5+47n_z+110n_x$$

$p_y=s_4d_5+d_2$　　　即 $d_2=p_y-s_4d_5$

$$d_2=p_y-p_y\frac{p_x+47n_x-110n_z+272}{a_x}$$

3. 雅克比矩阵

$$
\begin{pmatrix} v \\ w \end{pmatrix}=\begin{pmatrix} J_{l1} & J_{l2} & \cdots & J_{ln} \\ J_{a1} & J_{a2} & \cdots & J_{an} \end{pmatrix}\times\begin{pmatrix} \dot{q}_1 \\ \dot{q}_2 \\ \vdots \\ \dot{q}_n \end{pmatrix}
$$

$$v = J_{l1}\dot{q}_1 + J_{l2}\dot{q}_2 + \cdots + J_{ln}\dot{q}_n$$

$$w = J_{a1}\dot{q}_1 + J_{a2}\dot{q}_2 + \cdots + J_{an}\dot{q}_n$$

对于转动关节 i 有

$$^{T}\boldsymbol{J}_{li} = \begin{pmatrix} (p \times n)_z \\ (p \times o)_z \\ (p \times a)_z \end{pmatrix}, \qquad ^{T}\boldsymbol{J}_{ai} = \begin{pmatrix} n_z \\ o_z \\ a_z \end{pmatrix}$$

对于移动关节 i 有

$$^{T}\boldsymbol{J}_{li} = \begin{pmatrix} n_z \\ o_z \\ a_z \end{pmatrix}, \qquad ^{T}\boldsymbol{J}_{ai} = \begin{pmatrix} 0 \\ 0 \\ 0 \end{pmatrix}$$

各连杆至末端连杆的变换为

$$^{1}\boldsymbol{T}_5 = \begin{pmatrix} -s_3 & -c_3 s_4 & c_3 c_4 & c_3 c_4 d_5 + 47 s_3 - 110 c_3 - 272 \\ 0 & c_4 & s_4 & s_4 d_5 + d_2 \\ -c_3 & s_3 s_4 & -s_3 c_4 & -s_3 c_4 d_5 + 47 c_3 + 110 s_3 + d_1 \\ 0 & 0 & 0 & 1 \end{pmatrix}$$

$$^{2}\boldsymbol{T}_5 = \begin{pmatrix} -s_3 & -c_3 s_4 & c_3 c_4 & c_3 c_4 d_5 + 47 s_3 - 110 c_3 - 110 c_3 - 222 \\ c_3 & -s_3 s_4 & s_3 c_4 & s_3 c_4 d_5 + 47 c_3 - 110 s_3 \\ 0 & c_4 & s_4 & s_4 d_5 \\ 0 & 0 & 0 & 1 \end{pmatrix}$$

$$^{3}\boldsymbol{T}_5 = \begin{pmatrix} 0 & -s_4 & c_4 & c_4 d_5 - 110 \\ 1 & 0 & 0 & -47 \\ 0 & c_4 & s_4 & s_4 d_5 \\ 0 & 0 & 0 & 1 \end{pmatrix}$$

$$^{4}\boldsymbol{T}_5 = \begin{pmatrix} 0 & 0 & -1 & -d_5 \\ 0 & 1 & 0 & 0 \\ 1 & 0 & 0 & -47 \\ 0 & 0 & 0 & 1 \end{pmatrix}$$

各个关节的雅克比列向量$^{5}\boldsymbol{J}_i$

$$
{}^5\boldsymbol{J}_1=\begin{pmatrix}-c_3\\ s_3s_4\\ -s_3c_4\\ 0\\ 0\\ 0\end{pmatrix},\ {}^5\boldsymbol{J}_2=\begin{pmatrix}0\\ c_4\\ s_4\\ 0\\ 0\\ 0\end{pmatrix},\ {}^5\boldsymbol{J}_3=\begin{pmatrix}c_4d_5-110\\ -47s_4\\ 47c_4\\ 0\\ c_4\\ s\end{pmatrix},\ {}^5\boldsymbol{J}_4=\begin{pmatrix}0\\ -d_5\\ 0\\ 1\\ 0\\ 0\end{pmatrix},\ {}^5\boldsymbol{J}_5=\begin{pmatrix}0\\ 0\\ 1\\ 0\\ 0\\ 0\end{pmatrix}
$$

速度雅克比矩阵 $\boldsymbol{J}(q)$

$$
\boldsymbol{J}(q)=\begin{pmatrix}-c_3 & 0 & c_4d_5-110 & 0 & 0\\ s_3s_4 & c_4 & -47s_4 & -d_5 & 0\\ -s_3c_4 & s_4 & 47c_4 & 0 & 1\\ 0 & 0 & 0 & 1 & 0\\ 0 & 0 & c_4 & 0 & 0\\ 0 & 0 & s_4 & 0 & 0\end{pmatrix}
$$

$$\boldsymbol{J}^{\mathrm{T}}\dot{x}=\boldsymbol{J}^{\mathrm{T}}\boldsymbol{J}\dot{q}$$

$$\boldsymbol{q}=(\boldsymbol{J}^{\mathrm{T}}\boldsymbol{J})^{-1}\boldsymbol{J}^{\mathrm{T}}\dot{x}$$

4. 速度分析

$$\dot{\boldsymbol{T}}_i=\boldsymbol{T}_0^1\boldsymbol{T}_1^2\cdots\boldsymbol{T}_{i-2}^{i-1}\frac{\mathrm{d}}{\mathrm{d}_{q_i}}(\boldsymbol{T}_{i-1}^i)\boldsymbol{T}_i^{i+1}\cdots\boldsymbol{T}_{N-1}^N$$

$$
\frac{\mathrm{d}}{\mathrm{d}_{q_i}}[\boldsymbol{T}_{i-1}{}^i]\dot{q}_i=\frac{\mathrm{d}}{\mathrm{d}_{d_i}}[\boldsymbol{T}_{i-1}{}^i]d_i=\begin{pmatrix}0&0&0&0\\0&0&0&0\\0&0&0&\dot{d}_i\\0&0&0&0\end{pmatrix}
$$

$$
\begin{pmatrix}x\\y\\z\\1\end{pmatrix}=\boldsymbol{\Phi}_1\boldsymbol{T}_0^1\boldsymbol{\Phi}_2\boldsymbol{T}_1^2\boldsymbol{\Phi}_3\boldsymbol{T}_2^3\boldsymbol{\Phi}_4\boldsymbol{T}_3^4\boldsymbol{\Phi}_5\boldsymbol{T}_4^5\begin{pmatrix}x_5\\y_5\\z_5\\1\end{pmatrix}
$$

$$
\boldsymbol{T}_0^1=\begin{pmatrix}1&0&0&0\\0&1&0&0\\0&0&1&d_1\\0&0&0&1\end{pmatrix}\qquad \boldsymbol{T}_1^2=\begin{pmatrix}1&0&0&-50\\0&0&1&d_2\\0&-1&0&0\\0&0&0&1\end{pmatrix}
$$

$$\boldsymbol{\Phi}_3 = \begin{pmatrix} c_3 & -s_3 & 0 & 0 \\ s_3 & c_3 & 0 & 0 \\ 0 & 0 & 1 & 0 \\ 0 & 0 & 0 & 1 \end{pmatrix} \qquad \boldsymbol{T}_2^3 = \begin{pmatrix} 1 & 0 & 0 & -222 \\ 0 & 1 & 0 & 0 \\ 0 & 0 & 1 & 0 \\ 0 & 0 & 0 & 1 \end{pmatrix}$$

$$\boldsymbol{\Phi}_4 = \begin{pmatrix} c_4 & -s_4 & 0 & 0 \\ s_4 & c_4 & 0 & 0 \\ 0 & 0 & 1 & 0 \\ 0 & 0 & 0 & 1 \end{pmatrix} \qquad \boldsymbol{T}_3^4 = \begin{pmatrix} 1 & 0 & 0 & -110 \\ 0 & 0 & -1 & 0 \\ 0 & 1 & 0 & 0 \\ 0 & 0 & 0 & 1 \end{pmatrix}$$

$$\boldsymbol{T}_3^4 = \begin{pmatrix} 1 & 0 & 0 & -110 \\ 0 & 0 & -1 & 0 \\ 0 & 1 & 0 & 0 \\ 0 & 0 & 0 & 1 \end{pmatrix} \qquad \boldsymbol{T}_4^5 = \begin{pmatrix} 0 & 0 & 1 & d_5 \\ 0 & 1 & 0 & 0 \\ -1 & 0 & 0 & 47 \\ 0 & 0 & 0 & 1 \end{pmatrix}$$

$$\begin{pmatrix} \dot{x} \\ \dot{y} \\ \dot{z} \\ 0 \end{pmatrix} = \frac{\mathrm{d}}{\mathrm{d}_t}\begin{pmatrix} x \\ y \\ z \\ 1 \end{pmatrix} = (\boldsymbol{W}_1\boldsymbol{\theta}_1\boldsymbol{\phi}_1\boldsymbol{T}_0^1\boldsymbol{\phi}_2\boldsymbol{T}_1^2\boldsymbol{\phi}_3\boldsymbol{T}_2^3\boldsymbol{\phi}_4\boldsymbol{T}_3^4\boldsymbol{\phi}_5\boldsymbol{T}_4^5 + \cdots + \boldsymbol{W}_5\boldsymbol{\phi}_1\boldsymbol{T}_0^1\boldsymbol{\phi}_2\boldsymbol{T}_1^2\boldsymbol{\phi}_3\boldsymbol{T}_2^3\boldsymbol{\phi}_4\boldsymbol{T}_3^4\boldsymbol{\phi}_5\boldsymbol{T}_4^5)\begin{pmatrix} x_5 \\ y_5 \\ z_5 \\ 1 \end{pmatrix}$$

$$\boldsymbol{\theta}_3 = \boldsymbol{\theta}_4 = \begin{pmatrix} 0 & -1 & 0 & 0 \\ 1 & 0 & 0 & 0 \\ 0 & 0 & 0 & 0 \\ 0 & 0 & 0 & 0 \end{pmatrix}$$

则 $\dot{\boldsymbol{T}}_{51} = \begin{pmatrix} 0 & 0 & 0 & 0 \\ 0 & 0 & 0 & 0 \\ 0 & 0 & 0 & \dot{d}_1 \\ 0 & 0 & 0 & 0 \end{pmatrix} \qquad \dot{\boldsymbol{T}}_{52} = \begin{pmatrix} 0 & 0 & 0 & 0 \\ 0 & 0 & 0 & 0 \\ 0 & 0 & 0 & \dot{d}_2 \\ 0 & 0 & 0 & 0 \end{pmatrix}$

$$\dot{\boldsymbol{T}}_{53} = \begin{pmatrix} -c_{34} & 0 & -s_{34} & (110-d_5)s_{34} + 47c_{34} + 222s_3 \\ 0 & 0 & 0 & 0 \\ s_{34} & 0 & -c_{34} & (110-d_5)c_{34} - 47s_{34} + 220c_3 \\ 0 & 0 & 0 & 0 \end{pmatrix}$$

$$\dot{\boldsymbol{T}}_{54}=\begin{pmatrix}-c_{34} & 0 & -s_{34} & (110-d_5)s_{34}-47c_{34}\\ 0 & 0 & 0 & 0\\ s_{34} & 0 & -c_{34} & (110-d_5)c_{34}-47s_{34}\\ 0 & 0 & 0 & 0\end{pmatrix}$$

$$\dot{\boldsymbol{T}}_{55}=\begin{pmatrix}0 & 0 & 0 & 0\\ 0 & 0 & 0 & 0\\ 0 & 0 & 0 & \dot{d}_5\\ 0 & 0 & 0 & 0\end{pmatrix}$$

$$\begin{pmatrix}\dot{x}\\ \dot{y}\\ \dot{z}\\ 0\end{pmatrix}=\begin{pmatrix}0 & 0 & 0 & 0\\ 0 & 0 & 0 & 0\\ 0 & 0 & 0 & \dot{d}_1\\ 0 & 0 & 0 & 0\end{pmatrix}\times\begin{pmatrix}x_5\\ y_5\\ z_5\\ 1\end{pmatrix}+$$

$$\omega_3\begin{pmatrix}-c_{34} & 0 & -s_{34} & (110-d_5)s_{34}+47c_{34}+222s_3\\ 0 & 0 & 0 & 0\\ s_{34} & 0 & -c_{34} & (110-d_5)c_{34}-47c_{34}+222c_3\\ 0 & 0 & 0 & 0\end{pmatrix}\times\begin{pmatrix}x_5\\ y_5\\ z_5\\ 1\end{pmatrix}$$

$$+\omega_4\begin{pmatrix}-c_{34} & 0 & -s_{34} & (110-d_5)s_{34}-47c_{34}\\ 0 & 0 & 0 & 0\\ s_{34} & 0 & -c_{34} & (110-d_5)c_{34}-47c_{34}\\ 0 & 0 & 0 & 0\end{pmatrix}\times\begin{pmatrix}x_5\\ y_5\\ z_5\\ 1\end{pmatrix}+$$

$$\begin{pmatrix}0 & 0 & 0 & 0\\ 0 & 0 & 0 & 0\\ 0 & 0 & 0 & \dot{d}_2\\ 0 & 0 & 0 & 0\end{pmatrix}\times\begin{pmatrix}x_5\\ y_5\\ z_5\\ 1\end{pmatrix}+\begin{pmatrix}0 & 0 & 0 & 0\\ 0 & 0 & 0 & 0\\ 0 & 0 & 0 & \dot{d}_5\\ 0 & 0 & 0 & 0\end{pmatrix}\times\begin{pmatrix}x_5\\ y_5\\ z_5\\ 1\end{pmatrix}$$

5. 加速度分析

$$\begin{pmatrix}\ddot{x}\\ \ddot{y}\\ \ddot{z}\\ 0\end{pmatrix}=\frac{\mathrm{d}}{\mathrm{d}t}\begin{pmatrix}\dot{x}\\ \dot{y}\\ \dot{z}\\ 0\end{pmatrix}=(\ddot{\boldsymbol{T}}_{51}+\ddot{\boldsymbol{T}}_{52}+\ddot{\boldsymbol{T}}_{53}+\ddot{\boldsymbol{T}}_{54}+\ddot{\boldsymbol{T}}_{55})\begin{pmatrix}x_5\\ y_5\\ z_5\\ 1\end{pmatrix}$$

$$\ddot{\boldsymbol{T}}_{51}=\begin{pmatrix}0&0&0&0\\0&0&0&0\\0&0&0&\ddot{d}_1\\0&0&0&0\end{pmatrix}$$

$$\ddot{\boldsymbol{T}}_{52}=\begin{pmatrix}0&0&0&0\\0&0&0&0\\0&0&0&\ddot{d}_2\\0&0&0&0\end{pmatrix}$$

$$\ddot{\boldsymbol{T}}_{53}=\omega_3^2\phi_1 T_0^1\phi_2 T_2^1\theta_3^2\phi_3 T_2^3\phi_4 T_3^4\phi_5 T_4^5+\omega_3\omega_4\phi_1 T_0^1\phi_2 T_1^2\theta_3\phi_3 T_2^3\theta_4\phi_4 T_3^4\phi_5 T_4^5+\alpha_3\phi_1 T_0^1\phi_2 T_1^2 \theta_3\phi_3 T_2^3\phi_4 T_3^4\phi_5 T_4^5$$

$$\ddot{\boldsymbol{T}}_{54}=\omega_3\omega_4\phi_1 T_0^1\phi_2 T_1^2\theta_3\phi_3 T_2^3\theta_4\phi_4 T_3^4\phi_5 T_4^5+\omega_4^2\phi_1 T_0^1\phi_2 T_1^2\phi_3 T_2^3\theta_4^2\phi_4 T_3^4\phi_5 T_4^5+\alpha_4\phi_1 T_0^1\phi_2 T_1^2 \theta_3\phi_3 T_2^3\phi_4 T_3^4\phi_5 T_4^5$$

$$\ddot{\boldsymbol{T}}_{55}=\begin{pmatrix}0&0&0&0\\0&0&0&0\\0&0&0&\ddot{d}_5\\0&0&0&0\end{pmatrix}$$

$$\ddot{\boldsymbol{T}}_{53}=\begin{pmatrix}s_{34}\omega_3(\omega_3+\omega_4)-\alpha_3 c_{34} & c_{34}s_4\omega_3(\omega_3+\omega_4)-\alpha_3 s_{34}s_4 & -c_{34}c_4\omega_3(\omega_3+\omega_4)-\alpha_3 s_{34}c_4 & (-c_{34}\omega_3(c_4d_5-110)-47s_{34})(\omega_3+\omega_4)+222c_3\omega_3^2+\alpha_3(-s_{34}(c_4d_5-110)+47c_{34}+222s_3)\\0&0&0&0\\-c_{34}\omega_3(\omega_3+\omega_4)+\alpha_3 s_{34} & -s_{34}s_4\omega_3(\omega_3+\omega_4)+\alpha_3 c_{34}s_4 & s_{34}c_4\omega_3(\omega_3+\omega_4)-\alpha_3 c_{34}c_4 & (-s_{34}\omega_3(c_4d_5-110)-47c_{34})(\omega_3+\omega_4)-222s_3\omega_3^2+\alpha_3(-c_{34}(c_4d_5-110)-47s_{34}+222c_3)\\0&0&0&0\end{pmatrix}$$

$$\ddot{\boldsymbol{T}}_{54}=\begin{pmatrix}s_{34}\omega_4(\omega_3+\omega_4)-\alpha_3 c_{34} & c_{34}s_4\omega_4(\omega_3+\omega_4)-\alpha_4 s_{34}s_4 & -c_{34}s_4\omega_4(\omega_3+\omega_4)-\alpha_4 s_{34}c_4\\0&0&0\\-c_{34}\omega_4(\omega_3+\omega_4)+\alpha_4 s_{34} & -s_{34}s_4\omega_4(\omega_3+\omega_4)+\alpha_4 c_{34}s_4 & s_{34}c_4\omega_4(\omega_3+\omega_4)-\alpha_4 c_{34}c_4\\0&0&0\end{pmatrix}$$

$$\left.\begin{matrix}(-c_{34}\omega_4(c_4d_5-110)-47s_{34})(\omega_3+\omega_4)+\alpha_4(-s_{34}(c_4d_5-110)+47c_{34}+222s_3)\\0\\(-s_{34}\omega_4(c_4d_5-110)-47c_{34})(\omega_3+\omega_4)+\alpha_4(-c_{34}(c_4d_5-110)-47s_{34}+222c_3)\\0\end{matrix}\right)$$

6. 动力学分析

机器人动力学方程最终表达式如下为

$$T_i = \sum_{j=1}^{n} D_{ij}\ddot{q}_j + I_{ai}\ddot{q}_i + \sum_{i=1}^{n}\sum_{j=1}^{n} D_{ij}\dot{q}_i\dot{q}_j + D_i$$

$$\boldsymbol{D}_{ij} = \sum_{p=\max i,j}^{n} m_p\{[{}^p\delta_{ix}k_{pxx}^2\,{}^p\delta_{jx} + {}^p\delta_{iy}k_{pyy}^2\,{}^p\delta_{jy} + {}^p\delta_{iz}k_{pzz}^2\,{}^p\delta_{jz}] + [{}^pd_i\cdot p] + [{}^pr_p\cdot(d_i\times{}^p\delta_j + {}^pd_j\times{}^p\delta_i)]\}$$

$$\boldsymbol{D}_i = {}^{i-1}g\sum_{p=i}^{n} m_p\,{}^{i-1}\bar{r}_p$$

表 1　各连杆系的质量

连杆序号 i	m_1	m_2	m_3	m_4	m_5
质量/kg	21.6	19.0	12.4	9.1	3.3

表 2　各连杆系的转动惯量

转动惯量/kg · m²	I_{3xx}	I_{3yy}	I_{3zz}	I_{4xx}	I_{4yy}	I_{4zz}
	0.145	0.074	0.193	0.066	0.093	0.081

注：由于第 1、2、5 连杆系均为平动关节，其转动惯量均没有意义。

表 3　各连杆系的质心矢量

${}^p\bar{r}_p$	${}^1\bar{r}_1$	${}^2\bar{r}_2$	${}^3\bar{r}_3$	${}^4\bar{r}_4$	${}^5\bar{r}_5$
质心矢量	$-0.137\boldsymbol{i}$	$-0.137\boldsymbol{i}$	$0.175\boldsymbol{i}-0.007\boldsymbol{j}+0.012\boldsymbol{k}$	$-0.09\boldsymbol{i}-0.008\boldsymbol{j}-0.018\boldsymbol{k}$	$-0.028\boldsymbol{i}-0.013\boldsymbol{k}$

注：表达式中的 $\boldsymbol{i}$、$\boldsymbol{j}$、$\boldsymbol{k}$ 分别表示参考 x、y 和 z 轴的各矢量，缺项的即为零。

对于转动关节

$$\left.\begin{aligned}{}^pd_{ix} &= -{}^{i-1}n_{px}\,{}^{i-1}p_{py} + {}^{i-1}n_{py}\,{}^{i-1}p_{px}\\{}^pd_{iy} &= -{}^{i-1}o_{px}\,{}^{i-1}p_{py} + {}^{i-1}o_{py}\,{}^{i-1}p_{px}\\{}^pd_{iz} &= -{}^{i-1}a_{px}\,{}^{i-1}p_{py} + {}^{i-1}a_{py}\,{}^{i-1}p_{px}\end{aligned}\right\}$$

$${}^p\delta_i = {}^{i-1}n_{pz}i + {}^{i-1}o_{pz}j + {}^{i-1}a_{pz}k$$

对于平动关节，平移矢量为 ${}^p\boldsymbol{d}_i = {}^{i-1}n_{pz}i + {}^{i-1}o_{pz}j + {}^{i-1}a_{pz}k$

旋转矢量为${}^{p}\delta_i = 0\boldsymbol{i} + 0\boldsymbol{j} + 0\boldsymbol{k}$

各个关节的平移矢量和旋转矢量为

$^{1}\boldsymbol{d}_1 = 0i + 0j + k$　　$^{1}\boldsymbol{\delta}_1 = 0i + 0j + 0k$

$^{2}\boldsymbol{d}_1 = 0i - 0j - 0k$　　$^{2}\boldsymbol{\delta}_1 = 0i - 1j + 0k$

$^{3}\boldsymbol{d}_1 = -s_3 i - c_3 j + 0k$　　$^{3}\boldsymbol{\delta}_1 = 0i + 0j + 0k$

$^{4}\boldsymbol{d}_1 = -s_3 c_4 i + s_3 s_4 j + c_3 k$　　$^{4}\boldsymbol{\delta}_1 = 0i + 0j + 0k$

$^{5}\boldsymbol{d}_1 = -c_3 i + s_3 s_4 j - s_3 c_4 k$　　$^{5}\boldsymbol{\delta}_1 = 0i + 0j + 0k$

$^{2}\boldsymbol{d}_2 = 0i - j + 0k$　　$^{2}\boldsymbol{\delta}_2 = 0i + 0j + 0k$

$^{3}\boldsymbol{d}_2 = -s_3 i - c_3 j + 0k$　　$^{3}\boldsymbol{\delta}_2 = 0i + 0j + 0k$

$^{4}\boldsymbol{d}_2 = -s_3 c_4 i + s_3 s_4 j + c_3 k$　　$^{4}\boldsymbol{\delta}_2 = 0i + 0j + 0k$

$^{5}\boldsymbol{d}_2 = -c_3 i + s_3 s_4 j - s_3 c_4 k$　　$^{5}\boldsymbol{\delta}_2 = 0i + 0j + 0k$

$^{3}\boldsymbol{d}_3 = -222 s_3 i - 222 c_3 j + 0k$　　$^{3}\boldsymbol{\delta}_3 = 0i + 0j + 1k$

$^{4}\boldsymbol{d}_3 = -222 s_3 c_4 i - 222 s_3 s_4 j + 110 s_3^2 + 110 c_3^2 + 222 c_3 k$　　$^{4}\boldsymbol{\delta}_3 = s_4 i + c_4 j + 0k$

$^{5}\boldsymbol{\delta}_3 = 0i + c_4 j + s_4 k$

$^{5}\boldsymbol{d}_3 = (c_4 d_5 - 222 c_3 - 110)i + (-47 s_4 + 222 s_3 s_4)j + (47 c_4 - 222 s_3 c_4 - 110 c_3 s_3 c_4)k$

$^{4}\boldsymbol{d}_4 = 0i + 0j + 110k$　　$^{4}\boldsymbol{\delta}_4 = +s_4 i + c_4 j + 0k$

$^{5}\boldsymbol{d}_4 = (c_4 d_5 - 110)\ i - 47 s_4 j + 47 c_4 k$　　$^{5}\boldsymbol{\delta}_4 = 0i + c_4 j + s_4 k$

$^{5}\boldsymbol{d}_5 = -i + 0j + 0k$　　$^{5}\boldsymbol{\delta}_5 = 0i + 0j + 0k$

对于平动关节，${}^{p}\boldsymbol{\delta}_i = 0$，${}^{p}d_i \cdot {}^{p}d_i = 1$，则 $D_{ii} = \sum_{p=i}^{n} m_p$

$D_{11} = \sum_{p=1}^{5} m_p = 65.4$　　$D_{22} = \sum_{p=2}^{5} m_p = 43.8$　　$D_{55} = m_5 = 3.3$

$D_{12} = 0.145 s_3^2 + 0.074 c_3^2 - 1.070 c_3 + 3.4412$

$D_{13} = 0.0637 s_3 - 1.5925 c_3 + 0.0112 c_4 + 0.01 s_4 + 3.0576$

$D_{14} = 0$

$D_{15} = 0$

$D_{23} = -1.2925 s_3 + 0.0637 c_3 + 3.0576$

$D_{24} = 0$

$D_{25} = 0$

$D_{33} = 0.159 s_3^2 c_4 + 0.0595 c_3^2 c_4 + 0.174 c_3 s_3 c_4 + 0.6 c_3 c_4 - 1.928 c_3 + 5.7711$

$D_{34} = -0.066s_3s_4c_4 + 0.093s_3c_4^2 - 0.1122s_3s_4$

$D_{35} = -0.1123s_3s_4$

$D_{44} = 0.027c_4^2 - 0.02306c_4 - 0.0198s_4 + 3.4974$

$D_{45} = -0.1551s_4 + 0.3399$

对于转动关节，${}^{i-1}\boldsymbol{g} = (-g \cdot o \quad g \cdot n \quad 0 \quad 0)$

对于平动关节，${}^{i-1}\boldsymbol{g} = (0 \quad 0 \quad 0 \quad -g \cdot a)$，$n$、$o$、$a$ 均为${}^{i-1}T_p$ 的列向量。

${}^{0}\boldsymbol{g} = (0 \quad 0 \quad 0 \quad 0)$

${}^{1}\boldsymbol{g} = (0 \quad 0 \quad 0 \quad 0)$

${}^{2}\boldsymbol{g} = (-gs_3 \quad gc_3 \quad 0 \quad 0)$

${}^{3}\boldsymbol{g} = (-gs_4 \quad gc_4 \quad 0 \quad 0)$

${}^{4}\boldsymbol{g} = (0 \quad 0 \quad 0 \quad g)$

由${}^{i}\bar{r}_p = {}^{i}T_p \cdot {}^{p}\bar{r}_p$ 得${}^{i}\bar{r}_p$ 的各个值。

${}^{0}\bar{r}_1 = (-0.317 \quad 0 \quad 0)$

${}^{1}\bar{r}_2 = (-0.317 \quad 0 \quad 0)$

${}^{0}\bar{r}_3 = (0.175c_3 + 0.012s_3 \quad -0.175s_3 + 0.012c_3 \quad -0.007)$

${}^{1}\bar{r}_3 = (0.175c_3 + 0.007s_3 \quad 0.175s_3 - 0.007c_3 \quad 0.012)$

${}^{2}\bar{r}_3 = (0.175c_3 + 0.007s_3 \quad -0.012 \quad 0.175s_3 - 0.007c_3)$

${}^{0}\bar{r}_4 = (-0.09c_3c_4 - 0.008s_4 \quad 0.09c_3s_4 + 0.008c_4 \quad -0.018c_3)$

${}^{1}\bar{r}_4 = (-0.09c_3c_4 + 0.018s_3c_4 \quad 0.09c_3s_4 - 0.018s_3s_4 \quad -0.018s_3 - 0.018c_3)$

${}^{2}\bar{r}_4 = (-0.09c_3c_4 + 0.018s_3 \quad -0.09s_4 - 0.018c_4 \quad -0.09s_3c_4 - 0.018c_3)$

${}^{3}\bar{r}_4 = (-0.09c_4 + 0.008s_4 \quad -0.018 \quad 0.09s_4 + 0.008c_4)$

${}^{0}\bar{r}_5 = (0.028s_3 + 0.013c_3 \quad 0.028c_3s_4 - 0.013s_3s_4 \quad -0.028c_3c_4 + 0.013s_3s_4)$

${}^{1}\bar{r}_5 = (0.028s_3 + 0.013c_3 \quad 0.028c_3s_4 - 0.013s_3s_4 \quad -0.028c_3c_4 + 0.013s_3s_4)$

${}^{2}\bar{r}_5 = (0.028c_3s_4 + 0.013c_3c_4 \quad -0.028c_4 + 0.013s_4 \quad 0.028s_3s_4 + 0.013s_3c_4)$

${}^{3}\bar{r}_5 = (0.028s_4 + 0.013c_4 \quad 0 \quad 0.028c_4 - 0.013s_4)$

${}^{4}\bar{r}_5 = (0.013 \quad 0 \quad 0.028)$

重力项 D_i 为

$$D_1 = D_2 = D_5 = 0$$

$$D_3 = -0.3819g - 0.1916c_4 - 1.1116s_4$$

$$D_4 = (0.0429 + 1.1116c_4 + 0.0992s_4)s_3g + (-0.3156 - 0.0924c_4 + 0.0429s_4)c_3g$$

将关节耦合惯量项 D_{ij}和重力项 D_i 代入，即可以求解出各个关节处的驱动力或者力矩 T_i。

参 考 文 献

[1] 王都. 模具工业发展中的几个问题 [J]. 航空制造技术—第八届国际模具技术和设备展专辑，2000，3：12－32.

[2] Saito. K. Finishing and Polishing of Free－Form Surface [J]. Bulletin of The Japan Society of Precision Engineering，1984，18 (2)：104－109.

[3] 许小村，袁哲俊，郑文斌．汽车拉延模浮动式研磨抛光的优势 [J]．锻压装备与制造技术，2005 (3)：101－102.

[4] 三好隆志．金型の磨き加工一現状と今後の課題 [J]．JSPE，1991，6 (9)：70－76.

[5] Weule H，Timmerman N. Automation of the Surface finishing in the Manufacturing of Dies and Moulds [J]. Annals of the CIRP，1992，39：299－302.

[6] 王先逵，吴丹，刘成颖．精密加工和超精密加工技术综述 [J]．中国机械工程，1999，10 (5)：570－576.

[7] Mizugaki Y，Sakamoto M，Kamijo K. Development of a metal－mold Polishing Robot System with Contact Pressure Control Using CAD/CAM Data [J]. Ann. CIRP，1990，39 (1)：523－526.

[8] Yoshimi Takeuchi，Naoki Asakawa，Ge Dong fang. Automation of Polishing Work by an Industrial Robot [J]. JSME International Journal Series C，1992，58 (1)：289－294.

[9] Kunieda M，Nakagawa T，Hiramatsu H，et al. Magnetically Pressed Polishing Tool for a Die Finishing Robot [C] //Proceedings of 24th International Machine Tool Design and Research Conference，1983 (8)：295－303.

[10] Fusaomi Nagata，Tetsuo Hase，Zenku Haga，et al. CAD/CAM－based Position/force Controller For a Mold Polishing Robot [J]. Mechatronics，2007，17 (4－5)：207－216.

[11] Márquez J J，Pérez，J M，Vizán J R. Process modeling for robotic polishing [J]. Journal of Materials Processing Technology，2005 (159)：69－82.

[12] 金仁成，李水进，唐小琦，等．研磨机器人系统及其运动控制 [J]．机械科学与技术，2000，19 (4)：568－570.

[13] Zhao Ji，Zhan Jianming，Jin Rencheng，et al. An Oblique Ultrasonic Polishing Method by Robot for Free－form Surfaces [J]. International Journal of Machine Tools & Manufacture，2000，40 (6) 795－808.

[14] 郭彤颖，曲道奎，徐方．机器人研磨抛光工艺研究 [J]．新技术新工艺，2006 (1)：84－85.

[15] 王瑞芳，徐方．机器人研磨抛光工艺研究与实现 [J]．新技术新工艺，2008 (9)：19－22.

[16] 郎志，李成群，贠超．机器人柔性抛光系统研究 [J]．机械工程师，2006 (6)：26－28.

[17] 洪云飞，李成群，贠超．用于复杂空间曲面加工的机器人研磨系统 [J]．中国机械

工程，2006，17（8）：150－153.
[18] 任俊，张海鸥，王桂兰．面向熔射快速制模的机器人辅助曲面自动抛光系统的研究［J］．锻压装备与制造技术，2006（4）：88－91.
[19] 朱涛，谈大龙．微机器人技术在超精密加工中的应用研究［J］．机械工程师，2003（1）：3－5.
[20] Hisayuki, Aoyma. Flexible micro－processing by multiple micro robot in SEM［C］//Proceedings of IEEE International Conference on Robotics & Automation, 2001（4）：3429－3434.
[21] Morita H, et al. Electrical Discharge Device with Direct Drive Method for Thin Eire Electrode［C］. IEEE International Conference on Robotics and Automation, 1995（1）：73－78.
[22] Abdelhafid OMARI, et al. Development of a High Precision Mounting Robot System with Fine Motion Mechanism（3rd Report）［J］. Journal of the Japan Society for Precision Engineerings, 2001, 67（7）：1101－1107.
[23] 高鹏，袁哲俊，姚英学，等．弹性薄膜—电致伸缩微进给机构研究［J］．制造技术与机床，1997（2）：34－36.
[24] 陈贵亮．研抛大型复杂曲面自主研磨作业微小机器人研究［D］．长春：吉林大学机械科学与工程学院，2009.
[25] 刘志新．研抛大型自由曲面微小机器人控制系统研究［D］．长春：吉林大学机械科学与工程学院，2009.
[26] 谢哲东．研抛大型自由曲面的微小机器人开发与加工作业研究［D］．长春：吉林大学机械科学与工程学院，2008.
[27] 赵学堂，张永俊．模具光整加工技术新进展［J］．中国机械工程，2002，22（11）.
[28] Kunieda M, Nakagawa T, Higuchi T. Robot－polishing of Curved Surface with Magnetically Pressed Polishing tool［J］. Journal of the Japan Society for Precision Engineering, 1988, 54（1）：125－131.
[29] Takeuchi Y, Askawa N, Ge DF. Automation of Polishing Work by an Industrial Robot（system of Polishing robot）［J］. Transactions of the Japan Society of Mechanical Engineers C, 1992, 58（545）：289－294.
[30] Hon－yuen Tam, Osmond Lui Chi hang, Alberert C K Mok. Robotics Polishing of Free－form Surfaces Using Scanning Paths［J］. Journal of Materials Processing Technology, 1999, 95：191－200.
[31] Mizugaki Y, Sakamoto M, Sata T. Fractal Path Generation for a Metal－mold Polishing Robot System and Its Evaluation by the Operability［J］. Ann CIRP, 1992, 41（1）：531－534.
[32] Cho U, Eom D G, Lee D Y, et al. A Flexible Polishing Robot System for Die and Mould［C］//Proceedings of 23rd International Symposium on Industrial Robots, 1992：449－456.
[33] 张硕生，余达太．轮式移动机械手的优化构形［J］．北京科技大学学报，2000，22（6）：565－568.

[34] Oliver B, Oussama K. Elastic Strips: a Framework for Motion Generation in Human Enviroments [J]. The International Journal of Robotics Research, 2002, 21 (12): 1-22.

[35] Yasuhisa H, Youhei K, Wang Z D. Handling of a Single Object by Multiple Mobile Manipulators in Cooperation with Human Based on Virtual3-D Caster Dynamic [J]. Transactions of the Japan Society of Mechanical Engineers C, 2005, 48 (4): 613-619.

[36] Guo L, Rogers K, Kirkham R. A climbing robot for walls exploration [C] //Proceedings of IEEE/ASME International conference on robotics and automation, 1994: 2495-2500.

[37] Chen I M, Yeo S H. Locomotion of a two-dimensional walking-climbing robot using a closed-loop mechanism: From gait generation to navigation [J]. The International Journal of Robotics Research, 2003, 22 (1): 21-40.

[38] 张晓丽. 移动机械手系统运动学分析及动力学初探 [D]. 天津: 河北工业大学, 2006.

[39] 李瑞峰, 孙笛生, 阎国荣, 等. 移动式作业型智能服务机器人的研制 [J]. 机器人技术与应用, 2003 (1): 27-29.

[40] 王妹婷. 壁面自动清洗机器人关键技术研究 [D]. 上海: 上海大学, 2009.

[41] 蒋林. 全方位移动操作机器人及其运动规划与导航研究 [D]. 哈尔滨: 哈尔滨工业大学, 2008.

[42] CAMPIONG, BASTINGB, ANDREA-NOVEL D. Structural Properties and classification of kinematic and dynamic models of wheeled mobile robots [J]. IEEE Transactions on Robotics and Automation, 1996, 12 (1): 47-62.

[43] JUNG M J, KIM J H. Mobility augmentation of conventional wheeled bases for omnidirectional motion [J]. IEEE Transactions on Robotics and Automation, 2002, 18 (1): 81-87.

[44] CHUNG J H, Yl B J, KJM W K, et al. The dynamic modeling and analysis for an omnidirectional mobile robot with three castor wheels [C] //Proceedings of the 2003 IEEE International Conference on Robotics and Automation, China TaiPei, 2003: 521-527.

[45] TAN Jingdong, XI Ning. Unified model approach for Planning and control of mobile manipulators [C] //Proceedings of the 2001 IEEE Iniernational Conference on Robotics and Automation, Seoul, 2001: 3145-3152.

[46] HOLMBERG R, KHATIB O. Development and control of a holonomic mobile robot mobile rnanipulation tasks [J]. The International Journal of Robotics Research, 2000, 19 (11): 1066-1074.

[47] KHATIB O, YOKOI K, CHANG K, et al. Coordination and decentralized cooperation of multiple mobile manipulators [J]. The International Journal of Robotic System, 1996, 13 (11): 755-764.

[48] KHATIB O. A unified approach to motion and force control of robot manipulators: the operational space formulation [J]. IEEE Journal on Robotics and Automation, 1987 (31): 43-53.

[49] LIU Kai, LEWIS F L. Decentralized continuous robust controller for mobile robots [C] //

Proceedings of IEEE International Conference on Robotics and Automation, Cincinnati, 1990: 1822 - 1827.

[50] Ymamaoto Y, Yun X P. Coordinating Locomotion and Manipulation of a Mobile Manipulator [J]. IEEE Trans action on Automatic Control, 1994, 39 (6): 1326 - 1332.

[51] Tanner H G, KyriakoPoulos K J. Nohnolonomic Motion Planning for Mobile Manipulators [C] // Proceedings of IEEE International Conference on Roboties and Automation, San Francisco, 2000 (2): 1233 - 1238.

[52] Akira M, Seiji F, Yamamoto M. Trajectory Planning of Mobile Manipulator with End - Effetor's Specified Path [C] // Proceedings of IEEE/RSJ International Conference on Intelligent Robosts and Systems, Hawan, 2001 (4): 2264 - 2269.

[53] Hunag Q, Tanie K, Sugano S. Coordinated Motion Planning for a Mobile Manipulator Considering Stability and Manipulation [J]. The International Journal of Robotics Reseacrh, 2000, 19 (8): 732 - 742.

[54] Seiji F, Yamamoto M, Akira M. Trajectory Planning of mobile manipulator with stability considerations [C] //Proceedings of IEEE International Conference on Robotics and Automation, China TaiPei, 2003 (3): 3403 - 3408.

[55] Wu Yuxiang, Hu Yueming. Kinematies, Dynamics and Motion Planning of Wheeled Mobile Manipulators [C] //Proceedings of International Conference on CSIMTA 2004, Cherbourg, 2004: 221 - 226.

[56] Sheng L, Goldenberg A A. Robust Damping Control of Mobile ManPiulators [J]. IEEE Transation on Systems Man and Cybemetics, Part B, 2002, 32 (1): 126 - 132.

[57] Jae Y L, Suk M M. A Simple Active Damping Control for Compliant Base Manipulators [J]. IEEE/ASME Transactions on MECHATRONICS, 2001, 3: 305 - 309.

[58] Yusuke O, Tatsuya T, Kan Y, et al. Development of Walking Manipulator with Versatile Locomotion [C] //Proceedings of IEEE International Conference on Robotics and Automation, 2003, 1 (1): 477 - 483.

[59] Tan J D, Xi N. Unified Model Approach for Planning and Control of Mobile Manipulators [C] // Proceedings of IEEE International Conference on Robotics and Automation, Seoul, 2001, 3: 3145 - 3152.

[60] 吴玉香，胡跃明．轮式移动机械臂的鲁棒跟踪控制研究 [J]．计算机工程与应用，2006 (1): 230 - 232.

[61] Dong W J, Xu Y S, Wang Q. On Tracking Control of Mobile Manipulators [C] // Proceedings of IEEE International Conference on Robotics and Automation, SanFrancisco, 2000 (4): 3455 - 3460.

[62] 董文杰，徐文立．移动机械手的鲁棒控制 [J]．控制理论与应用，2002，19 (3): 345 - 348.

[63] 董文杰，徐文立．不确定非完整移动机械手的鲁棒控制 [J]．清华大学学报，2002，

42 (9): 1261 -1264.

[64] Dong Wenjie. On Trajectory and Force Tracking Control of Constrained Mobile Manipulators with Parameter Uncertainty [J]. Automatica, 2002, 38 (9): 1475 -1484.

[65] Kang S, Komoriya K, Yokoi K, et al. Reduced Inertial Effect in Damping - Based Posture Control of Mobile Manipulator [C] // Proceedings of IEEE/RSJ International Conference on Intelligent Robots and Systems, Maui, 2001, 1: 488 -493.

[66] 殷跃红，等. 智能机器力觉及力控制研究综述 [J]. 航空学报，1999，20 (1): 1 -7.

[67] Zeng G W, Ahmad Hemami. An Overview of Robot Force Control [J]. Robotica, 1997, 15 (5): 473 -482.

[68] Andrew A, Goldenberg, Peilin Song. Principles for Design of Position and Force Controllers for Manipulators [J]. Robotics and Autonomous Systems, 1997 (3): 263 -277.

[69] Raibert M H, Craig J J. Hybrid Position/Force Control of Manipulators [J] //. Journal of Dynamic Systems, Measurement and Control, 1981, 102 (6): 126 -133.

[70] Homayoun Seraji, Richard Colbaugh. Force Tracking Impedance Control [J]. The International Journal of Robotics Research, 1997, 16 (2): 97 -117.

[71] KJ. Salisbury. Active Stiffness Control of a Manipulator in Cartesian Coordinates [C]. Proceedings of IEEE International Conference on Decision and Control Including the Symposium on the adaptive Processes, 1981, 1: 95 -100.

[72] Whitney D E. Force - Feedback Control of Manipulator Fine Motion [J]. Journal of Dynamic Systems Measurements and Control, 1977, 99 (2).

[73] Hogan N. Impedance Control of Industrial Robots [J]. Robotics and Computer - Integrated Manufacturing, 1984, 1 (1): 97 -113.

[74] Maples J A, Becker J J. Experiments in Force Control of Robotic Manipulators [C] // Proceedings IEEE International Conference on Robotics and Antomation, 1986 (3): 695 - 702.

[75] Lucibello, Pasquale. Learning Algorithm for Impendence Hybrid Force Position Control of Robot Arms [J]. IEEE Transactions on Systems, Man and Cybernetics, 1998, 28 (5): 241 -244.

[76] Hogan N. Impedance Control: An Approach to Manipulation: Part I - theory. Part Ⅱ - Implementation. Part Ⅲ - Applications [J]. Asme Transactions Journal of Dynamic Systems, Measurement and Control, 1985: 1 -24.

[77] Tsaprounis C J, Aspragathos N A. Sliding Mode with Adaptive Estimati - on Force Control of Robot Manipulators Interacting with an Unknown Passive Environment [J]. Robotic, 1999, 17 (4): 447 -458.

[78] Seraji H, Colbaugh R. Force Tracking in Impedance Control [J]. International Journal of Robotics Research, 1997, 16 (1): 97 -117.

[79] Baptista L F, Sousa J M, COSTA J. Force Control of Robotic Manipulators Using A Fuzzy

Predictive Approach [J]. Journal of Intelligent and Robotics System, 2001 (30): 359 - 376.

[80] Seul Jung. Robust Neural Force Control Scheme Under Uncertainties in Robot Dynamics and Unknown Environment [J]. IEEE Transactions on Industrial Electronics, 2000, 47 (4): 403 - 412.

[81] Kwan C M. Robust Force and Motion Control of Constrained Robots Using Fuzzy Neural Network [C] // Proceedings of The 33rd Conference on Decision and Control, 1994, 2 (12): 1862 - 1867.

[82] Tzierakis K G, Koumboulis F N. Independent Force And Position Control for Cooperating Manipulators [J]. Journal of the Franklin Institute, 2003, 340 (6): 435 - 460.

[83] Jacek Bekalarek, Radzimir Zawal, Krzysztof Kozlowski. Hybrid Force/Position Control for Two Cooperative Staubli RX60 Industrial Robots [J]. International of Workshop on Robot Motion and Control, 2001: 305 - 310.

[84] Qiao Bing, Lu Rongjian. Impedance Force Control for Position Control Robotic Manipulators under the Constraint of Unknown Environments [J]. Journal of Southeast University, 2003, 19 (4): 359 - 363.

[85] Chan S P, Yao B, Gao W B. Robust Impedance Control of Robot Manipulators [J]. International Journal of Robotice Automation, 1991, 6 (4): 220 - 227.

[86] Hace A, Jezernik K, Uran S. Robust Impendence Control [C] // Proceeding of IEEE Conference on Control Applications - Proceedings, 1998, 1 (9): 583 - 587.

[87] H Berghuis. A Robust Adaptive Robot Controller [J]. IEEE Transaction on Robotics and Automation, 1993, 9 (6): 825 - 830.

[88] Hace A, Jezernik K, Uran S. Robust Impendence Control [C] // Proceeding of IEEE Conference on Control Applications - Proceedings, 1998, 1 (9): 583 - 587.

[89] Sage H G, Ostertag E. Robust Control of Robot Manipulators: A Survey [J]. Int ernational of Control, 1999, 72 (16): 1498 - 1552.

[90] Tao G. Robust Adaptive Control of Robot Manipulators [J]. Robotics and Automation, 2000, 28 (4): 803 - 807.

[91] Reed J S, Ioannou P. Instability Analysis and Robust Adaptive Control of Robotic Manipulators [J]. IEEE Transactions on Robotics and Automation, 1989, 5 (3): 381 - 386.

[92] Yao B, Tomizuka M. Robust Adaptive Motion and Force Control of Robot Manipulators in Unknown Stiffness Environment [C] // Proceedings of IEEE Conference on Decision and Control, 1993 (3): 142 - 147.

[93] Dong Wenjie. On Trajectory And Force Tracking Control of Constrained Mobile Manipulators with Parameter Uncertainty [J]. Automatic, 2002, 38: 1475 - 1484.

[94] Michael Fielding R, Reg Dunlop, Christopher J. Damaren. Hamlet: Force/Position Controlled Hexapod Walker - Design and Systems [C] // Proceedings of IEEE International

Conference on Control Applications, Mexico, 2001: 984 - 989.

[95] Luigi Villani, Ciro Natale, Bruno Siciliano. An Experimental Study of Adaptive Force/Position Control Algorithms for an Industrial Robot [J]. IEEE Transactions on Control Systems Technology, 2000, 8 (5): 777 - 786.

[96] Antsaklis P J. A brief introduction to the theory and applications of hybrid systems [J]. IEEE Special Issue on Hybrid Systems: Theory and Applications, 2000, 88 (7): 879 - 887.

[97] Roy J, Whitcomb L L. Adaptive Force Control of Position/Velocity Controlled Robots: Theory and Experiment [J]. IEEE Trans On Robotics & Automation, 2002, 18 (2): 121 - 137.

[98] Tokita M, Lan F, Mituoka T K. Force Control of a Robotic Manipula - tor by Application of a Neural Network [J]. Advanced Robotics, 1991, 5 (1): 15 - 24.

[99] Ciro Natale, Bruno Siciliano, Luigi Villani. Robust Hybrid Force/Position Control with Experiments on an Industrial Robot [C] //Proceedings of International Conference on Advanced Intelligent Mechatronics, 1999: 956 - 960.

[100] Nganga - Kouya D, Saad M, Lamarche L. Backstepping Adaptive Hybrid Force/Position Control for Robotic Manipulators [C] //Proceedings of the American Control Conference Anchorage, 2002: 4595 - 4600.

[101] Natsuo Tanaka, Masayuki Fujita. Adaptive H∞ Approach Based on Energy - Shaping for Robotic Force/Position Regulation and Motion Control [C] // Proceedings of the American Control Conference, 1999: 2445 - 2449.

[102] Pyung C H, Kim D S, Jeong L W. Intelligent Force/Position Control of Robot Manipulator Using Time Delay Control [C] //Proceedings of IEEE/RSJ/GI International Conference on Intelligent Robots and Systems, 1994 (3): 1632 - 1638.

[103] Connolly, Thom, Pfeiffer Friedrich H. Neural Network Hybrid Position/force Control [C] //Proceedings of IEEE International Conference on Intelligent Robots and Systems, 1993 (9): 240 - 244.

[104] Xu Y S, Richard P P, Shum Heung - Yeung. Fuzzy Control of Robot and Compliant Wrist System [C] //Proceedings of IEEE Industry Application Society Annual Meeting, 1991 (2): 1431 - 1437.

[105] Tokita Masatoshi, Mituoka Toyokazu. Force Control of A Robotic Manipulator by Application of A Neural Network [J]. Advanced Robotics, 1991, 5 (1): 15 - 24.

[106] Toshio F, Takashi K, Masatoshi T. Position/Force Hybrid Control of Robotic Manipulator by Neural Network (Int. Report: Application of Neural Servo Controller to Stabbling Control) [J]. Nippon Kikai Gakkai Ronbunshu, C Hen/Transactions of The Japan Society of Mechanical Engineers: Part C, 1990, 56 (527): 1854 - 1860.

[107] Jung, Seul, Hsia T C. Robust Neural Force Control Scheme under Uncertainties in Robot

Dynamics and Unknown Environment [J]. IEEE Transactions on Industrial Electronics, 2000, 47 (2): 403 - 412.

[108] Wai R J, Hsieh, Yun K. Robust Fuzzy Neural Network Control for n - link Robot Manipulator [J]. Journal of The Chinese Institute of Electrical Engineering, Transactions of The Chinese Institute of Engineers, 2003, 10 (2): 21 - 32.

[109] Cai L, Goldenberg A A. Robust Control of Position and Forces for A Robot Manipulator in Non - contact and Contact Tasks [C] // Proceedings of American Control Conference, 1989: 1905 - 1911.

[110] 温淑焕. 不确定性机器人力/位置智能控制及轨迹跟踪实验的研究 [D]. 秦皇岛: 燕山大学电气工程学院, 2005.

[111] Jasmin Velagic, Azra Adzemovic, Jasmina Ibrahimagic. Switching Force/Position Fuzzy Control of Robotic manipulator [C] // IEEE International Conference on Advanced Intelligent Mechatronics, 2003: 484 - 489.

[112] Touati Y, Djouani K, Amirat Y. Adaptive Fuzzy Logic Controller for Robots Manipulators [C] // IEEE The 10th Artificial Neural Networks in Engineering Conference, 2001, 11: 247 - 254.

[113] 申铁龙. 机器人鲁棒控制基础 [M]. 北京: 清华大学出版社, 2001: 10 - 50.

[114] Seul J, Sun B Y, Hsia T C. Experimental studies of neuralnetwork impcdance forcc control for robot maniPulators [C] //IEEE International Conference on Roboties and Automation. NJ: USA - IEEE, 2001: 3453 - 3458.

[115] Ferguene F, Toumi R. Dynamic extenal force feedbaek loop control of a robot manipulator using a neural compensator - application to the trajectory. following in an unknown environtment [J]. International Journal of Applied Mathenlaties and Computer Science, 2009, 19 (1): 113 - 126.

[116] 范文通. 受时变约束机械臂自适应模糊力/位置控制方法研究 [D]. 长春: 吉林大学, 2008.

[117] Bum K, Short M, BickerR. Adaptive and nonlinear fuzzy force control techniques applied to robots operating in uncertain environments [J]. Journal of Robotic Systems, 2003, 20 (7): 391 - 400.

[118] Mallapragada V, Erol D, Sarkar N. A new method of force control for unknown environL-ments [J]. International Journal of Advanced Robotic Systems, 2007, 4 (3): 313 - 322.

[119] W Hong Rui, Y Li, W Li Xin. Fuzzy - neuro position force control for robotic manipulators with uncertainties [J]. Soft Computing 2007, 11 (4): 311 - 315.

[120] Cojbasic Z M, Nikoli V D. HYBRJD INDUSTRIAL ROBOT COMPLIANT MOTION CONTROL [J]. Automatic Control and Robotics, 2008, 1 (7): 99 - 110.

[121] Amit Goradia, Ning Xi, Jindong Tan. Hybrid Force/Position Control in Moving Hand Coordinate Frame [C] //Proceedings of Seventh International Conference Central Automation,

2002：1126－1131.

[122] Ha Q P, Nguyen Q H, Rye D C. Impedance Control of a Hydraulically－Actuated Robotic Excavator [J]. Automation in Construction, 2000, 9 (5)：421－435.

[123] Yao B, Bu F, Chiu G. Adaptive Robust Control of Single－Rod Hydraulic Actuators：Theory and Experiments [J]. IEEE/ASME Transactions on Mechatronics, 2000, 5 (1)：79－91.

[124] Giorgio Bartolini, Elisabetta Punta. Decoupling Force and Position Control in Constrained Motion with Friction [C] //Proceeding of the 42rd IEEE Conference on Decision and Control, Maui, 2004, 5：4593－4598.

[125] Bartolini G, Ferrara A, Punta E. Multi－input Second－Order Sliding－Mode Hybrid Control of Constrained Manipulators [J]. Dynamics and Control, 2000 (10)：277－296.

[126] Bartolini G, Punta E. Chattering Elimination with Second－Order Sliding Modes Robust to Coulomb Friction [J] //ASME Journal of Dynamic Systems. Measurement and Control, 2000, 122：679－686.

[127] Tan C K, Rajeswari M. Simulation of Multi－Axis Compliant Motions Using Robotic Force Control [C] //Proceeding of Conference on Decision and Control, 2000：503－508.

[128] 蔡自兴，贺汉根，陈虹．未知环境中移动机器人导航控制研究的若干问题 [J]．控制与决策，2002，17 (4)：385－390.

[129] Thrun S. Robotic mapping：A survey [M]. 3th ed. San Francisco：Morgan Kaufmann Publishers Inc., 2002.

[130] Dellaert F, Fox D, Burgard W, et al. Monte carlo localization for mobile robots [C] //Proceeding of the IEEE International Conference on Robotics and Automation, 1999：1322－1328.

[131] Moravec H P. Sensor fusion in certainty grids for mobile robots [J]. Springer Berlin Heidelberg, 1988, 9 (2)：61－74.

[132] Thrun S. Learning Occupancy Grid Maps with Forward Sensor Models [J]. Autonomus Robots, 2003, 15 (2)：111－127.

[133] Thrun S, Burgard W, Fox D. Probabilistic Robotics [M]. Cambridge：MIT Press, 2005：117－130.

[134] Borenstein J, Everett R, Feng L. Mobile robot Positioning－sensors and techniques [J]. Journal of Robotic System, 1997, 14 (4)：231－249.

[135] 王卫华．移动机器人定位技术研究 [D]．武汉：华中科技大学，2005.

[136] Olson C F. Probabilistic Self－Localization for Mobile Robot [J]. IEEE Transaction on Robottics and Automation, 2000, 16：55－66.

[137] Salichs M A, Moreno L. Navigation of mobile robots：open questions [J]. Robotica, 2000, 18：227－234.

[138] Hunag P S, Chiang F P. Recent advances in fringe Projection technique for3－D Shape measurement [C] //Proceedings of SPIE－International conference on optical diagnostics

for Fluids/Heat/combustion and photomechanics for solids，1999：132 - 142.

[139] 张国雄．三坐标测量机的发展趋势［J］．中国机械工程，2000，11（1)：222 - 226.

[140] 刘征，赵小松，张国雄，等．自由曲面多目视觉检测技术［J］．天津大学学报，2003，36（2)：148 - 151.

[141] 刘志刚，方勇，陈康宁，等．线结构光三维视觉曲面测量的自适应采样与建模方法［J］．西安交通大学学报，1999，33（10)：48 - 51.

[142] Vandame Benoit. New algorithms and technologies for the un - supervised reduction of optical/IR images［C］// Proceedings of SPIE - The International Society for Optical Engineering，2002，48（47)：123 - 134.

[143] 杜静，何玉林．基于特征的曲面模型重建方法［J］．重庆大学学报，2002，25（7)：148 - 151.

[144] He Junji，Zhang Guangjun. Study on method for proce s sing image of strip in structured2light 3D vision mea suring technique［J］. Journal of Beijing University of Aeronautics and Astronautics，2003，29（17).

[145] Zheng Hong. Genetic Algorithm Application in Image Processing and Analysis［M］. Beijing：Mapping Publishing Company，2003.

[146] 唐荣锡．现代图形技术［M］．济南：山东科学技术出版社，2001：68 - 114.

[147] 熊有伦．机器人学［M］，北京：机械工业出版社，1998.

[148] 蔡自兴．机器人学［M］，北京：清华大学出版社，2000.

[149] 唐余勇，任秉银．复杂曲面的区域分类与数控加工［J］．河北科技大学学报，2002，23（2)：7 - 11.

[150] 梅向明，黄敬之．微分几何［M］.3 版．北京：高等教育出版社，2003：105 - 109.

[151] 林洁琼．自由曲面分片研抛与轨迹规划的研究［D］．长春：吉林大学机械科学与工程学院，2005.

[152] 李剑．基于激光测量的自由曲面数字制造基础技术研究［D］．杭州：浙江大学，2001.

[153] 詹建明．机器人研磨自由曲面时的作业环境与柔顺控制研究［D］．长春：吉林大学，2002.

[154] 高为炳．变结构控制的理论及设计方法［M］．北京：科学技术出版社，1998.

[155] 胡跃明．变结构控制理论与应用［M］．北京：科学出版社，2003.

[156] David Young K，Vadim I，Utkin. A Control Engineer' s Guide to Sliding ModeControl［J］. IEEE Transactions. Systems Technology，1999，7（3)：328 - 342.

[157] 陈启军，王月娟，陈辉堂．基于 PD 控制的机器人轨迹跟踪性能研究与比较［J］．控制与决策，2003，18（1)：53 - 57.

[158] 陈丽．基于 PD + 前馈结构的不确定性机器人鲁棒控制策略研究［D］．秦皇岛：燕山大学电气工程学院，2005.

[159] 王宪伦．不确定环境下机器人柔顺控制及可视化仿真研究［D］．济南：山东大

学，2006.

[160] Surdilovic D. Contact Stability Issues in Position Based Impedance Control：Theory and Experiments [C] //Proceedings of the 1996 IEEE International Conference on robotics and Automation，1996：1675 - 1680.

[161] Surdilovic D. Robust Robot Compliant Motion Control Using Intelligent Adaptive Impedance Approach [C] //Proceedings of IEEE International Conference on Robotics and Automation，2001：2128 - 2133.

[162] Surdilovic D. Contact transition stability in the impedance control [C] //Proceedings - IEEE International Conference on Robotics and Antomation，1997：847 - 852.

[163] Surdilovie D. Synthesis of impedance control law at higher control levels：Algorithms and experiments [C] //Proceedings - IEEE International Conference on Robotics and Automation，1998 (1)：213 - 218.

[164] 王磊，柳洪义，王菲．在未知环境下基于模糊预测的力/位混合控制方法 [J]．东北大学学报（自然科学版），2005，26 (12)：1182 - 1184.

[165] Xu Z L，Fang G. Fuzzy Impedance Control for Robots in Complex Patial Edge Following [C] //Proceedings of the 7th International Conference on Control，Automation，Robotics and Vision，2002 (2)：845 - 850.

[166] Yubazaki N，Ashida T，Hirota K. Dynamic fuzzy Control Method and its Application of Inducation Motor [C] //IEEE International Conference on Fuzzy Systems，1995：286 - 292.

[167] Moreton D，Durnford R. Three - dimensional tool compensation for a three - axis turning center [J]. The International Journal Advanced Manufacturing Technology，1999 (15)：649 - 654.

[168] Markus Schinhaerl，Gordon Slnith，Riehard Stamp. Mathematical modeling of influence functions in computer - controlled polishing：Part I [J]. Applied Mathematical Modelling，32 (2008)：2888 - 2906.

[169] Markus Schinhaerl，Rolf Raseher，Richard Stamp. Filter algorithm for influence functions in the computer controlled Polishing of high - quality optical lenses [J]. International Journal of Machine Tools & Manufacture，2007 (47)：107 - 111.

[170] 朱永伟，何建桥．固结磨料抛光垫作用卜的材料去除速率模型 [J]．金刚石与磨料磨具工程，2006 (3)．

[171] 唐宇，戴一帆，彭小强．磁流变抛光工艺参数优化研究 [J]．中国机械工程，2006，17 (52)：324 - 332.